일반물리학 실험

일반물리학 실험교재 편찬 위원회

국민대학교

머 리 말

자연의 현상들을 보면서 어떻게? 왜? 라는 생각을 해 볼 수 있게 된다. 이러한 것들을 좀 더 조직적으로 조사하고 생각할 수 있는 사고의 틀을 갖추게 됨으로써 자연에 대한 근본적이며 체계적으로 연구하는 자세를 가질 수 있다.

물리학은 이러한 자연이나, 우주 전체에 있어서 자연현상을 좀 더 조직적으로 자연의 법칙을 체계적으로 연구하는 과학이다.

물리학은 연구의 대상이 자연 또는 우주 전체에까지 확대되는 반면에, 물리학 실험은 인위적으로 설정한 실험실 내의 기기를 통하여 자연현상을 재현해보고 조직적으로 그 현상들을 이해하려고 한다. 실험을 하는 방법에 있어서도 과학의 속성, 과학적 사고, 문제의 제기와 해결, 정보의 수집, 가치관과 함께 직관력, 통찰력 등이 요구된다.

이러한 능력을 키우기 위해 본 개정판에서는 기존의 일반물리 실험들과 함께 관성모멘트 측정 실험을 새롭게 추가하고, 등전위선 및 암페어 법칙 측정 방식을 컴퓨터를 활용한 실험으로 개선하여 학생들이 조금 더 흥미롭게 접근할 수 있고, 전공 실험의 기초를 쌓을 수 있도록 노력하였다.

또한 본 개정판을 발간 할 수 있도록 힘을 써주신 여러분께 사의를 표하는 바이다.

2020년 1월

저 자

차 례

부 록

1장 서론

[1] 물리학에서 실험의 중요성

자연 과학은 자연의 모든 현상들을 관찰 또는 관측을 통해 얻은 수많은 경험적인 사실을 바탕으로 해서 이룩된 실증적인 학문이다. 특히 그 중에 물리학은 이러한 자연의 여러 현상들을 측정하고 분석함으로써 보편적인 원리와 법칙을 찾아내는 가장 기초가 되고 중요한 학문이다. 물리학을 이해하는데 실험적 방법이 가장 기본이 된다. 이러한 물리 실험을 실시하는 목적은 실험에 참가하여 관찰하고, 검증하고 또 생각함으로써 자연의 여러 물리적인 법칙을 직접 배우고 이해할 수 있는 기회를 제공하는데 있으며, 이론과 실험을 겸비함으로써 그 현상들을 완전히 이해할 수 있도록 유도하는데 있다. 이 목적을 요약하면 다음과 같다.

1) 물리학 강의로부터 배운 기본원리와 법칙을 실험을 통해 이해할 수 있게 한다.
2) 실험에 사용되는 장비들의 사용 및 조작법을 숙달함으로써, 나아가 고급 실험에 사용되는 장비에 대한 자신감을 갖게 하며, 물리학에 대한 계속적인 연구의욕을 고취시킨다.
3) 자료 및 오차 분석을 통하여 실험결과에 대한 평가의 상대적인 능력을 배양시키며, 실험보고서 작성법과 아울러 연구논문 작성법도 익힌다.

따라서 실험을 통하여 물리학의 기본 개념, 기본 원리 및 기본 법칙을 체득하고, 연구의욕을 고취시키며 보고서 작성법 등을 익힘으로써 창의력을 개발하는데 실험의 중요성이 있음을 강조한다.

[2] 국제단위계(SI)

1. SI 란 무엇인가?

SI란 불어 Le System International d′ Units에서 온 약어로 '국제단위계'를 나타낸다. 이는 현재 세계 대부분의 국가에서 채택하여 국제 공동으로 사용되고 있는 단위계이며, 우리가 '미터계'(또는 '미터법')라고 부르고 사용하여 오던 단위계가 현대화 된 것이라고 생각하면 된다.

'국제단위계'라는 명칭과 그 약칭 SI는 1960년 제11차 국제도량형총회(CGPM)에서 채택 결정된 것이다.

(1) SI 의 배경 및 발달

고대의 측정 단위들은 어떤 계획에 의해서 이루어진 단위 체계가 아니었고, 각기 필요에 따라 생긴 것이었으므로 분야에 따라서 사용되는 단위도 자연 다르게 마련이었다.

점차, 인류 생활이 복잡해지고 사회가 발전함에 따라 고대 단위로부터 발전되어 체계를 이루게 된 것이 동양에서는 '척관계'이며, 서양에서는 '피트·파운드계'(feet-pound system)이다. 이들은 현대 SI가 공시화 되기까지 오랜 동안 사용되어 왔고, 아직도 사용되고 있다.

SI의 시초는 1790년경 프랑스에서 발명된 '미터계'이며, 이 미터계는 1875년 17개국이 미터 협약(Meter Convention)에 조인함으로써 공시화 되었다. 이 미터계로부터 분야에 따라 여러 개의 하부 단위계가 생겼으며 이에 따라 많은 단위들이 나타나게 되었는데, 그 한 예가 1881년 과학분야에서 사용하기 위해 만든 CGS계이며, 이는 센티미터, 그램 및 초에 바탕을 두고 있다.

1900년경에는 실용적인 측정이 미터-킬로그램-초(MKS)계에 바탕을 두어 행하여지게 되었다. 1901년에는 Giovanni Guiorgi가 전기 기본단위 하나를 새로 도입하면 역학 및 전기단위들이 통합된 일관성 있는 체계를 형성할 수 있다고 제의하였고 1935년 국제 전기 학술위원회(IEC)가 전기단위로 ampere, coulomb, ohm, volt 중 하나를 채택하여 역학의 MKS와 통합할 것을 추천하였는데 뒤이어 암페어(ampere)가 선정되어 MKSA를 이루게 되었다.

1954년 제10차 CGPM에서 MKSA의 4개의 단위와 온도의 단위 '켈빈', 그리고 광도의 단위 '칸델라'의 모두 6개의 단위에 바탕을 둔 일관성 있는 단위계를 채택하였고, 1960년 제11차 CGPM에서 이 단위계의 공식적인 명칭 '국제단위계'를 부여하였고, 또한 약칭 'SI'를 부여하여 모든 언어에서 사용하도록 하였다.

1967년 온도의 단위가 켈빈(K)으로 바뀌고 1971년 7번째의 기본단위인 몰(mole)이 추가되어 현재의 SI의 기초가 되었다.

(2) SI의 특징

전 세계가 공통으로 사용할 수 있는 단위계를 형성하기 위하여 시작되어 국제적인 공동의 노력의 결과로 이루어진 이 SI는 다음과 같은 장점을 가지고 있다.

1) 각 속성(또는 물리량)에 대하여 한 가지 단위만 사용한다.
예로서 길이에 대하여서는 미터만 사용하며, 자(尺) 또는 피트(feet)같은 단위를 사용하지 않기 때문에 전체적으로 볼 때 단위의 수가 대폭 감소된다.

2) 모든 활동 분야에 적용된다.

과학이나 기술 또는 상업 등 모든 분야에 적용될 뿐만 아니라 전 세계가 같은 방법으로 사용하여 상호 교류나 이해가 쉽도록 한다.

3) 일관성 있는 체계이다.

몇 가지 기본단위를 바탕으로 하여 이들의 곱이나 비의 형식으로 모든 물리량을 일관성 있는 체계로 형성함으로 다른 체계와의 혼합에서 오는 공식 내의 인자들이 없어지게 된다.

4) 배우기와 사용하기가 쉽다.

위에 설명한 특징을 갖고 있기 때문에 일정한 규칙만 알고 그에 따라 적용하면 되므로 배우기와 사용하기가 용이하다.

이와 같은 특징 때문에 오늘날 세계 대부분의 국가에서 SI를 채택하여 사용하고 있으며, 종래의 단위계에 너무 오래 익숙하여 즉시 바꿀 수 없는 나라에서는 장기 계획을 세워서 점차적으로 바꾸고 있는 중이다.

한마디로 SI는 그 명칭이 뜻하는 대로 '국제단위계'이다.

2. SI의 구조

국제단위계(SI)는

·국제단위
·유도단위
·보조단위

의 세 가지 부류의 단위로 형성되어 있다.

과학적인 관점에서 볼 때 SI단위를 이와 같이 세 부류로 나누는 것은 어느 정도 임의적이라 할 수 있다. 왜냐하면, 이들이 물리학적인 필수성에 나타난 것은 아니고, 다만 국제관계 교육 및 과학적 연구 활동 등에 있어서 실용적이며 범세계적인 단일 체계의 이점을 고려한 점이 크기 때문이다. 이를 위하여 관계상 독립된 차원을 가지는 것으로 간주되는, 명확하게 정의된 단위들을 선택하여 SI의 바탕이 되게 하였는데 이들이 기본단위이며, 미터, 킬로그램, 초, 암페어 켈빈, 몰, 칸델라의 7개의 단위가 있다.

보조단위에 속하는 단위는 라디안과 스테라디안의 2개이며, 평면각과 입체각을 나타내는 단위이다. 유도단위는 관련된 양들을 연결시키는 대수관계에 따라서 기본단위, 보조단위 또는 다른 유도단위들을 조합하여 이루어지는 단위이다.

위에서 설명한 세 부류의 SI 단위들이 문자 그대로 '일관성' 있는 단위의 집합을 형성한다. 즉, 아무 수치적 인자 없이 순전히 곱하기와 나누기에 의하여 이루어진 단위의 체계이다.

여기서 한 가지 강조할 것은 한 SI단위가 몇 가지 다른 형태로 표기될 수 있어도 한 물리량은 단 하나인 SI 단위만을 갖는 점이다. 그러나 그 역은 사실이 아니다. 즉 동일한 SI 단위가 몇 개의 다른 양에 해당될 수 있다.

3. SI 기본단위 및 SI 보조단위

(1) SI의 기본단위

기본단위는 SI의 가장 기본이 되는 7개의 단위로서 독립적인 차원을 갖도록 정의되어 있으며 표1에 이들의 명칭 및 기호가 나타나 있다.

[표 1] SI 기본단위

양	명 칭	기 호
길 이	미 터	m
질 량	킬로그램	kg
시 간	초	s
전 류	암페어	A
열역학적 온도	켈 빈	K
물질량	몰	mol
광 도	칸델라	cd

현재는 이들 중 질량의 단위인 킬로그램(kg)만 인공적으로 만든 국제 원기에 의하여 정의되어 있고 나머지 6개는 모든 물리적인 실험에 의하여 정의되어 있다.

이들 정의들은 과학·기술의 발달에 따라 바뀌어 왔고 CGPM에 의해서 결정되는데 각 기본단위의 현재의 정의를 살펴보면 다음과 같다.

(1) 길이의 단위 (m)

“미터(meter)는 진공에서 빛이 1/299,792,458 초 동안 진행한 경로의 길이이다.” (1983년 제 17차 CGPM)

이에 따라서 빛의 속력은 정확히 299,792,458 m/s이며, 길이의 단위가 독립적으로 정의되었을 때처럼 오차를 포함하지 않는 상수이다.

(2) 질량의 단위 (kg)

“킬로그램(kilogram)은 질량의 단위이며 국제 킬로그램 원기의 질량과 같다” (1901년 제3차 CGPM)

(3) 시간의 단위 (s)

“초(second)는 세슘 133원자(^{133}Cs)의 바닥 상태에 있는 두 초미세준위 간의 전이에 대응하는 복사선의 9,192,631,770 주기의 지속시간이다” (1967년 제9차 CGPM)

(4) 전류의 단위 (A)

“암페어(ampere)는 무한히 길고 무시할 수 있을 만큼 작은 원형 단면적을 가진 두 개의 평행한 직선 도체가 진공 중에서 1미터 간격으로 유지될 때, 두 도체 사이에 매 미터당 2×10^{-7}뉴턴(N)의 힘을 생기게 하는 일정한 전류이다” (1948년 제9차 CGPM)

(5) 열역학적 온도의 단위(K)

"켈빈(kelvin)은 열역학적 온도의 단위로 물의 삼중점의 열역학적 온도의 1/273.16 이다(1976년 제13차 CGPM).

이에 부가하여 다음 식으로 정의된 섭씨(기호 t, 단위 ℃)도 사용한다.

$$t = T - T_0$$

여기서 $T_0 = 273.14$ K로 정의되었다.

(6) 물질 량의 단위(mol)

① 몰은 탄소 12의 0.012킬로그램에 있는 원자의 개수와 같은 수의 구성요소를 포함한 어떤 계의 물질량이다.

② 몰을 사용할 때에는 구성요소를 반드시 명시해야 하며 이 구성요소는 원자, 분자, 이온, 전자, 기타 입자 또는 이 입자들의 특정한 집합체가 될 수 있다(1971년 제14차 CGPM).

몰의 정의에서 탄소 12는 바닥상태에서 정지해 있으며 속박되어 있지 않는 원자를 가리킨다. 또한 이 정의는 몰의 단위를 가진 양의 특성을 부여하는 점에 주의하여야 한다.

(7) 광도의 단위(cd)

"칸델라(candela)는 주파수 540×1012 헤르츠인 단색광을 방축하는 광원의 복사도가 어떤 주어진 방향으로 매 스테라디안당 1/638와트일 때, 이 방향에 대한 광도이다." (1979년 제16차 CGPM)

(2) SI 보조단위

현재, 순전히 기하학적으로 정의된 두 개의 단위가 보조단위로 인정되어 있고, 표2에 나타나있다. 이들 각각의 정의는 다음과 같다.

[표 2] SI 보조단위

양	SI 단위	
	명 칭	기 호
평 면 각 입 체 각	라디안 스테라디안	rad sr

(1) 라디안(rad)

"라디안(radian)은 한 원의 원둘레에서 그 원의 반지름과 같은 길이의 호를 자르는 두 반지름 사이의 평면각이다"

다시 말해서 원의 반지름과 같은 길이의 원둘레에 대한 중심각이다.

예를 들어 직각은 $\pi/2$rad가 되는데, 왜냐하면 원둘레가 반지름의 2π배이기 때문이다.

(2) 스테라디안(sr)

"스테라디안(steradian)은 한 공의 표면에서 그 공의 반지름의 제곱과 같은 넓이의 표면을 자르고 그 꼭지 점이 공의 중심에 있는 입체각이다."

즉, 공의 반경의 제곱과 같은 넓이를 가진 공의 표면에 대한 중심 입체각이다. 따라서 공의 전 표면적은 반지름 제곱의 4π배 이므로 전체 공의 입체각은 4π sr이 된다.

1960년 국제단위계를 도입할 당시에 이들 보조단위의 특성에 대한 문제는 미결상태로 두었는데, 뒤에 평면각은 일반적으로 두 길이의 비로 입체각은 면적과 길이의 제곱과의 비로 표현된다는 것을 고려하여 이들의 무 차원 유도 단위로 간주되어야 한다고 결정하였다. 그러므로 보조단위인 라디안과 스테라디안은 유도 단위의 표현에 사용할 수도 있는 무 차원 유도 단위로 간주된다.

4. SI 유도단위

유도 단위는 기본단위나 보조단위를 간단히 물리법칙에 의해 대수적인 관계식으로 결합하여 나타내는 것이다.

이 유도단위의 표현에는 기본단위나 보조단위 외의 다른 인자가 나타나지 않으며, 이 때문에 SI단위가 일관성을 갖게 되고 또한 계산할 때 다른 환산인자를 필요로 하지 않는 것이다.

이 유도 단위 중에서 19개는 편의상 특별한 명칭과 기호가 주어 졌는데 이들이 표3에 나타나 있다.

어떤 유도 단위는 표 3의 명칭과 기호를 사용하는 것이 기본단위만으로 표현하는 것보다 간단하고 이해하기 쉬워서 그렇게 나타낸다.

이렇게 여러 가지 경우에 따라 많은 유도단위가 만들어질 수 있으며, 따라서 이들은 기본단위로만 표현된 경우, 보조단위를 사용한 경우, 그리고 특별한 명칭을 가진 유도단위를 사용한 경우로 분류할 수 있는데 그 몇 가지 예들을 표3.1, 표3.2, 표3.3에서 볼 수 있다.

[표 3] 특수명칭을 가진 SI 유도단위

양	SI 단위		
	명 칭	기 호	기본이나 보조단위 또는 다른 유도단위로 표시
진동수, 주파수	헤르츠(hertz)	Hz	s^{-1}
힘	뉴 턴(newton)	N	$kg \cdot m/s^2$
압력, 응력	파스칼(pascal)	Pa	N/m^2
에너지, 일, 열량	줄(joule)	J	N · m
일률, 전력	와 트(watt)	W	J/s
전하량	쿨 롬(coulomb)	C	A · s
전위, 압력, 기전력	볼 트(volt)	V	J/C, W/A
전기용량	패 럿(farad)	F	C/V
전기저항	옴(ohm)	Ω	V/A
전기전도도	지멘스(siemens)	S	Ω^{-1}, A/V
자기력선속	웨 버(weber)	Wb	V · s
자기력선속밀도	테슬라(tesla)	T	Wb/m^2
인덕턴스	헨 리(henry)	H	Wb/A
섭씨온도	섭씨도(degree celsius)	℃	K
광선속	루 멘(lumen)	lm	cd · sr
조명도	럭 스(lux)	lx	lm/m^2
방사능	베크렐(becquerel)	Bq	s^{-1}
흡수선량, 비에너지투여 케르마, 흡수선량지수	그레이(gray)	Gy	J/kg
선량당량, 선량당량지수	시버트(sievert)	Sv	J/kg

양	SI 단위		
	명 칭	기 호	기본이나 보조단위 또는 다른 유도단위로 표시
진동수, 주파수	헤르츠(hertz)	Hz	s^{-1}
힘	뉴 턴(newton)	N	$kg \cdot m/s^2$
압력, 응력	파스칼(pascal)	Pa	N/m^2
에너지, 일, 열량	줄(joule)	J	N · m
일률, 전력	와 트(watt)	W	J/s
전하량	쿨 롬(coulomb)	C	A · s
전위, 압력, 기전력	볼 트(volt)	V	J/C, W/A
전기용량	패 럿(farad)	F	C/V
전기저항	옴(ohm)	Ω	V/A
전기전도도	지멘스(siemens)	S	Ω^{-1}, A/V
자기력선속	웨 버(weber)	Wb	V · s
자기력선속밀도	테슬라(tesla)	T	Wb/m^2
인덕턴스	헨 리(henry)	H	Wb/A
섭씨온도	섭씨도(degree celsius)	℃	K
광선속	루 멘(lumen)	lm	cd · sr
조명도	럭 스(lux)	lx	lm/m^2
방사능	베크렐(becquerel)	Bq	s^{-1}
흡수선량, 비에너지투여 케르마, 흡수선량지수	그레이(gray)	Gy	J/kg
선량당량, 선량당량지수	시버트(sievert)	Sv	J/kg

[표 3.1] 기본단위로 표시된 SI 유도단위

양	SI 단위	
	명 칭	기 호
넓이	제곱미터	m^2
부피	세제곱미터	m^3
속력, 속도	미터 매 초	m/s
밀도, 질량밀도	킬로그램 매 세제곱미터	kg/m^3

[표 3.2] 보조단위를 사용하여 형성한 SI 유도단위

양	SI 단위	
	명 칭	기 호
각 속 도	라디안 매 초	rad/s
각가속도	라디안 매 초 제곱	rad/s^2
복 사 도	와트 매 스테라디안	w/sr

[표 3.3] 특별한 명칭으로 표시된 SI 유도단위

양	SI 단위		
	명 칭	기 호	기본이나 보조단위 또는 다른 유도단위로 표시
힘의 모멘트	뉴턴미터	N · m	$m^2{\cdot}kg{\cdot}s^{-2}$
표면장력	뉴턴 매 미터	N · m	$kg{\cdot}s^{-2}$
열용량, 엔트로피	줄 매 케빈	J/K	$m^2{\cdot}kg{\cdot}s^2{\cdot}K^{-1}$
전자기장의 세기	볼트 매 미터	V/m	$m{\cdot}kg{\cdot}s^{-3}{\cdot}A^{-1}$

5. SI 접두어

(1) SI 접두어

킬로그램(kg)을 제외한 모든 SI 단위의 십진배수 및 분수의 명칭과 기호를 형성하기 위하여 접두어를 사용한다. 여기서 십진배수는 10을 양의 정수 제곱한 것(10^3, 10^5)을 말하며 십진 분수는 10을 음의 정수를 제곱한 것(10^{-3}, 10^{-5})을 말한다.

현재 사용되는 접두어는 몇 차례에 걸쳐 CGPM에서 채택된 것인데, 표4에 실린 접두어는 제15차 CGPM(1975)에서 채택된 것까지 포함된 것이다.

(2) 질량의 단위

SI 단위 중에서 질량의 단위(kg)만이 역사적 이유 때문에 그 명칭에 접두어가 포함되어 있다. 그러나 질량의 단위의 십진배수 및 분수의 명칭은 '그램'이라는 단어에('킬로그램'이 아니라)접두어를 붙여서 형성한다.

(3) 배수 및 분수의 명칭

접두어나 그 기호는 단위의 명칭이나 기호에 직접 붙여서 그 단위의 십진배수 및 분수를 형성한다. 엄밀히 말하면 이렇게 형성된 단위는 원칙적으로 'SI 단위의 배수 또는 분수' 라고 불러야 되지만, 통상적으로는 기본단위, 유도단위, 그리고 이들의 배수와 분수를 모두 'SI 단위' 라고 부른다.

6. SI 단위의 사용법

(1) SI 접두어의 사용법

① 일반적으로 접두어는 크기 정도(orders of magnitude)를 나타내는데 적합하도록 되어야 한다. 따라서 유효숫자가 아닌 영(0)들을 없애고, 계산할 때 10의 멱수로 나타내는 대신에 접두어를 적절하게 사용할 수 있다.

[보기] ·12300 mm는 12.3 m가 됨
·12.3×10^3 m는 는 12.3 km가 됨
·0.00123 μm는 1.12 nm가 됨

② 어떤 양을 단위와 수치로 나타날 때 보통 수치가 0.1과 1000 사이에 오도록 접두어를 선택한다. 다만 다음의 경우는 예외로 한다
넓이나 부피를 나타낼 때 헥토, 데카, 데시, 센티가 필요하다.
[보기] 제곱 헥터미터 (hm^2), 세 제곱 센티미터 (cm^3)

·같은 종류의 값이 실린 표에서나 주어진 문맥에서 그 값을 비교하거나 논의할 때에는 0.1에서 1000의 범위를 벗어나도 같은 단위를 사용하는 것이 좋다.
·어떤 양을 특정한 분야에서 쓸 때 관례적으로 특정한 배수가 사용된다.
[보기] 기계공학도면에서 그 값이 0.1에서 1000 nm의 범위를 많이 벗어나도 nm가 사용된다.

[표 4] SI 접두어

곱할인자	명 칭	기 호	비 고
1 000 000 000 000 000 000 = 10^{18}	엑사(exa)	E	
1 000 000 000 000 000 = 10^{15}	페타(peta)	P	
1 000 000 000 000 = 10^{12}	테라(tera)	T	
1 000 000 000 = 10^{9}	기가(giga)	G	
1 000 000 = 10^{6}	메가(mega)	M	
1 000 = 10^{3}	킬로(kilo)	k	
100 = 10^{2}	헥토(hecto)	h	*
10 = 10^{1}	데카(deka)	da	*
0.1 = 10^{-1}	데시(deci)	d	*
0.01 = 10^{-2}	센티(c)	c	*
0.001 = 10^{-3}	밀리(milli)	m	
0.000 001 = 10^{-6}	마이크로(micro)	μ	
0.000 000 001 = 10^{-9}	나노(nano)	n	
0.000 000 000 001 = 10^{-12}	피코(pico)	p	
0.000 000 000 000 001 = 10^{-15}	펨토(femto)	f	
0.000 000 000 000 000 001 = 10^{-18}	아토(atto)	a	

주의 : *는 특별한 이유가 없는 한 되도록 사용하지 말 것.

③ 복합단위의 배수를 형성할 때 한 개의 접두어를 사용해야 한다. 이때 접두어는 통상적으로 분자에 있는 단위에 붙여야 되는데 다만 한 가지 예외의 경우는 kg이 분모에 올 경우이다.

[보기] V/m이며 mV/mm가 아님

1 pF이며 kμF가 아님

④ 두 개나 그 이상의 접두어를 나란히 붙여 쓰는 복합 접두어는 사용할 수 없다

[보기] 1 nm이며 1 m μm가 아님

1 pF이며 1m nF가 아님

만일 현재 가용하고 있는 접두어의 범위를 벗어나는 값이 있다면, 이때는 기본 단위와 10의 멱수로 표시하여야 한다.

⑤ 접두어를 가진 단위에서 붙는 지수는 그 단위의 배수나 분수 전체에 적용되는 것이다.

[보기] $1\mathrm{cm}^3 = (10^{-2}\mathrm{m})^3 = 10^{-6}\mathrm{m}^3$

$1\mathrm{mm}^2/\mathrm{s} = (10^{-3}\mathrm{m})^2 = 10^{-6}\mathrm{m/s}$

(2) SI 단위 기호의 사용법

언어에 따라 단위 명칭은 다를지라도 단위기호는 이탤릭체로 쓰며, 단위기호는 국제적으로 공통이며, 같은 방법으로 사용한다.

① 본문의 활자체와는 관계없이 양의 기호는 이탤릭체로 쓰며, 단위기호는 로마체로 쓴

다. 단위기호는 일반적으로 소문자이나, 다만 단위의 명칭이 고유명사에서 유래된 것이면 기호의 첫 글자는 대문자이다. 타자로 칠 경우, 단위의 기호와 혼동이 될 염려가 있으면 양의 기호에 밑줄을 긋는다.

[보기] 양 : m(질량), t(시간)

단위 : kg, s, K, Pa, GHz 등

② 단위기호는 복수의 경우에도 변하지 않으며, 마침표 등 다른 기호나 다른 문자를 첨가해서는 안 된다(다만 문장의 끝에 오는 마침표는 예외이다).

[보기] kg이며 Kg가 아님(비록 문장 끝에 올 지라도)

5 s이며 5 sec.나 5 sec 또는 5 secs가 아님

gauge 압력을 표시할 때 600 kPa(gage)이며 600 kPag가 아님

③ 어떤 양을 수치와 단위 기호로 나타날 때 그 사이를 한 칸 띄어야 한다. 다만 평면각의 도, 분, 초의 기호와 수치 사이는 띄지 않는다.

[보기] 35 mm이며 35mm이 아님

32 ℃이며 32℃가 아님

2.37 lm이며 2.37 lumens가 아님

25° , 25° , 23′ , 23″ 등은 옳음

(3) SI단위 명칭의 사용법

영어 명칭을 사용할 필요가 있을 때가 있는데 이때 몇 가지 유의하여야 할 점은 다음과 같다.

① 단위 명칭은 보통 명사와 같이 취급하여 소문자로 쓴다. 다만 문장의 시작이나 제목 등의 문법상 필요한 경우는 대문자로 쓴다.

[보기] 3 newtons이며 3 Newtons가 아님

② 일반적으로 영어 문법에 따라 복수 형태가 사용되며

[보기] henry의 복수는 henries로 씀

lux, hertz siemens은 불규칙 복수 형태로 단수와 복수가 같다.

③ 접두어와 단위 명칭 사이는 한 칸 띄우지 않고 연자부호(hyphen) '-' 를 쓰지 않는다

[보기] kilometer이며 kilo-meter가 아님

'megohm', 'kilohm', 'hectare' 의 세 가지 경우는 접두어 끝의 모음이 생략된다. 이 외에는 모든 단위 명칭은 모음으로 시작되어도 두 보음을 모두 써야하며 발음도 모두 해야 한다.

(4) SI 단위의 곱하기와 나누기

① 두개 이상의 단위의 곱은 다음 방법 중에 어느 하나로 표시할 수 있다.

[보기] N·m, N.m 또는 N m

② 한 단위를 다른 한 단위로 나누어서 이루어진 유도 단위는 다음 방법 중의 하나로 표시할 수 있다.

[보기] m/s, $\frac{m}{s}$ 또는 $m \cdot s^{-1}$

[주의] 사선(/)다음에 두 개 이상의 단위가 올 때는 반드시 괄호로 표시한다.

(3) 단위기호가 단위명칭을 같은 식에 혼합하면 안 된다.

[보기] 옳음 : joules per kilogram 또는 $J{\cdot}kg^{-1}$
틀림 : joules/kilogram 또는 joules/kg 또는 $joules{\cdot}kg^{-1}$

7. 병용단위

(1) 국제단위계와 함께 사용되는 단위

원칙적으로는 SI 단위가 과학, 기술, 상업 등 모든 분야에 사용될 수 있으나, 어떤 단위는 SI 단위에 속하지 않지만 특별한 이유가 있어서 SI 단위와 함께 사용하도록 CIPM이 인정한 것이 있다. 특별한 이유란 대개 실제적인 중요성 때문이거나 특수한 분야에서 사용되기 때문인데 이들이 표5에 각각 나타나 있다.

[표 5] SI와 함께 사용되는 단위

양	명 칭	기 호	SI단위로 나타낸 값
시 간	분	min	1 min = 60 s
	시간	h	1 h = 60 min = 3600s
	일	d	1d = 24 h = 86400 s
평면각	도	°	1° = (π/180) rad
	분	′	1′ = (1/60)° = (π/10800) rad
	초	″	1″ = (1/60)′ = (π/648000) rad
부 피	리터	l, L	$1 L = 1 dm^3 = 10^{-3} m^3$ (주 1)
질 량	톤	t	$1 t = 10^3 kg$
에너지	전자볼트	eV	(주 2)

[주] 1) 리터의 기호 L은 글자 'l'(L의 소문자)가 숫자 1과의 혼돈의 위험을 피하기 위하여 채택되었다. 우리나라에서도 되도록 L을 쓰기를 권장하고 있다.
2) 전자볼트는 하나의 전자가 진공 중에서 1볼트의 전위차를 지날 때 얻게 되는 운동에너지이다. 근사적으로, $1 eV = 10602 \times 10^{-19}$ J 이다.

(2) 잠정적으로 사용되는 단위

어떤 분야나 나라에서 통용되고 있는 점을 감안한다면 앞으로 CIPM에서 필요 없다고 판단될 때까지 SI 단위와 함께 쓰도록 허용한 단위가 있는데, 이 중 몇 가지가 표 6에 나타나 있다.

에너지의 SI 단위인 줄(joule)이 그 배수와 함께 모든 분야 사용됨이 바람직하다. 그러나 전기에너지를 재는데 '킬로와트시' (kW·h)가 널리 사용되고 있는 실정이다. 이 단위가 새로운 분야에 도입되는 일은 없어야 하고 궁극적으로는 '메가줄' (MJ)로 대치되어야 한다.

압력의 SI 단위인 파스칼(Pa)이 적절한 접두어와 함께 모든 분야에서 사용되어야 하는데 바(bar)나 토르[1 torr=(101.325/760) Pa] 가 널리 쓰이고 있는 실정이다. 이들의 사용을 되도록 피해야 한다.

'밀리바' 가 기상인들 사이에 통용되었으나 '헥토파스칼' (hPa)이 밀리바 대신 사용되고 있다. 그러나 기상 자료를 대중에게 제시할 때는 킬로파스칼(kPa)을 사용하여야 한다.

[표 6] SI와 함께 잠정적으로 사용되는 단위

단 위	기 호	정 의
킬로와트시	kWh	1 kWh = 3.6 MJ
바 안	b	1 b = 10^{-28} m^2 = 100 fm^2
바	bar	1 bar = 10^5 Pa
퀴 리	Ci	1 Ci = 3.7×10^{10} Bq
뢴트겐	R	1 R = 2.58×10^{-4} C/kg
래 드	rd	1 rd = 0.01 Gy
렘	rem	1 rem = 0.01 Sv = 10 mSv

(3) CGS단위

역학분야에서 CGS 단위계는 세 개의 기본단위 센티미터, 그램, 초에 바탕을 두고 있다. 전기와 자기 분야에서 단위는 이들 세 개의 기본 단위로 표현되는데 이로부터 몇 가지의 다른 체계가 이루어졌다. 예를 들면 CGS 정전계, CGS 전자기계, 그리고 CGS 가우스계가 이들이다. 이들 세계의 계에서는 양의 체계와 그에 대응하는 방정식의 체계가 SI 단위를 사용한 체계와 다른 것도 많다.

CIPM은 특별한 명칭을 가진 CGS 단위를 국제단위계와 함께 사용하지 않음이 바람직하다고 생각한다. 이들 단위들은 표7에 열거되었다.

[표 7] 특별한 명칭을 가진 CGS단위

명 칭	기 호	SI 단위로 나타낸 값
에그르	erg	1 erg = 10^{-7} J
다 인	dyn	1 dyn = 10^{-5} N
포아즈	P	1 P = 1 dyn · s/cm^2 = 0.1 pa · s
스토크스	St	1 St = 1 cm^2/s = 10^{-4} m^2/s
가우스	Gs, G	1 Gs는 10^{-4} T에 상담함
에르스텟	Oe	1 Oe는 (1,000/4π) A /m에 상담함
멕스웰	Mx	1 Mx는 10^{-8} Wb에 상당함
스틸브	sb	1 sb = 1 cd/m^2 = 10^{-4} cd/m^2
포 트	ph	1 ph = 10^4 lx

(4) 기타 단위

국제단위계 이외에 단위로서 (1), (2)나 (3)에 없는 것에 대해서는 CIPM은 일반적으로

그들의 사용을 피하고 대신 국제단위계를 사용함이 바람직하다고 생각한다. 그 중의 몇 개가 표8에 수록된다.

[표 8] 사용을 피해야 될 기타 단위

명 칭	SI 단위로 나타낸 값
페르미	1 페르미 = 1 fm = 10^{-15} m
카라트	1 카라트 = 200 mg = 2×10^{-4} kg
토오르	1 torr = (101,325/760) Pa
표준기압(atm)	1 atm = 101,325 Pa
킬로그램힘(kgf)	1 kgf = 9.806,65 N
칼로리(cal)	
마이크로(π)	1 μ = 1 μm = 10^{-6} m
X-ray 단위	
스테르(st)	1 st = $1m^3$
감마(γ)	1 γ = lnT = 10^{-9} T

[3] 오차

1. 측정값과 오차

측정값은 숫자로 표시하여야 하지만 그 의미는 수학에서의 표현법과 다르다. 모든 측정값은 근사 값이므로 무의미한 자릿수들을 나열할 필요는 없다. 그래서 효력이 있는 숫자, 즉 유효숫자들만 표시해야 하는데 일반적으로 다음과 같이 정해진다.

(1) 0이 아닌 맨 왼쪽의 숫자가 최상 유효숫자이다.

(2) 소수점이 없을 경우에는 0이 아닌 맨 오른쪽의 숫자가 최소 유효숫자이다.

(3) 소수점이 있을 경우에는 맨 오른쪽의 숫자가 0이더라도 이 수가 최소 유효숫자이다.

(4) 최상 유효숫자와 최소 유효숫자간의 모든 숫자가 유효숫자이다.

보기로 아래에 열거한 숫자들은 오직 고딕체로 나타낸 부분만이 유효숫자이다.

914.38 23000 0.0094

4.000 700. 3.140 $\times10^4$

측정값들을 가감승제 할 때에는 불필요한 계산시간의 낭비를 줄이기 위해 다음의 요령으로 결과를 얻는다.

덧셈과 뺄셈 : 보기로 4.5와 0.3352의 합을 계산하면

```
 4.5          4.5
+0.3352  =>  +0.33 =
 4.8352       4.83 --------------4.8
                          반올림
```

숫자 4.5는 소수점 이하 두 자리에서는 유효숫자가 없으므로 0.3352도 그곳에서 자른 다음 두 숫자를 더하여 반올림하면 된다.

곱셈과 나눗셈 : 보기로 4.5와 0.3352의 곱을 계산하면

4.5× 0.3352 = 1.5080 => 4.5× 0.335 = 1.5075-----반올림------1.5

숫자 4.5는 유효숫자가 두 자리이므로 0.3352는 0.335에서 세 자리만 택하여 곱한 후 결과는 두 자리가 되도록 반올림하면 된다.

2. 평균(mean)과 표준편차(standard deviation)

매번 측정할 때마다 같은 측정값이 되풀이되어 나오는 경우는 드물다. 하나의 측정에서 빚어질 수 있는 잘못은 줄이고, 그럼으로써 측정의 신뢰도를 높이기 위하여 주어진 한 조건에서 여러 번 측정하는 것이 보통이다. 예를 들어 1 m 높이에서 공이 낙하하는데 걸리는 시간을 잴 때 그 측정을 여러 번 반복하는 것이다. 이제 주어진 어느 조건 $X = X^*$에서 Y라는 변수를 M번 측정하였다고 하면 그 평균과 표준편차를 각각 다음과 같이 정의한다.

(산술)평균 : $Y \equiv \frac{1}{M}\sum_{i=1}^{M} Y_i$ (1)

표준편차 : $\sigma \equiv \sqrt{\frac{1}{M(M-1)}\sum_{i=0}^{M}(Y_i - Y^-)^2}$ (2)

측정의 결과는 $Y = Y^- \pm \sigma$ 로 쓰고 그래프에서는 그림1과 같이 적당한 기호와 에러바(error bar)를 써서 나타낸다.

3. 참값과 오차

실험을 통하여 얻은 측정값은 기준이 되는 어느 값과 비교를 하고, 이를 통하여 실험이 잘 되었는지 그렇지 못했는지를 점검하여 만약 실험결과가 좋지 않았다면 그 원인을 분석하고 규명해야 한다. 여기서 실험결과와 비교하여야 할 기준이 되는 값을 참값이라 한고 측정값과 참값의 차이를 오차라 한다.

오차를 계산하는 방법에는 여러 가지가 있는데 우선 위에서 언급한 오차 즉 측정값과 참값과의 차이를 “절대오차"라 한다. 즉,

$\text{절대오차} = |\text{참값} - \text{측정값}|$ (3)

절대오차는 직접적이기는 하지만 측정이 얼마나 잘 된 것인지를 그 값으로부터 알기는 어렵다. 예를 들어 1 km의 거리를 잴 때는 1 m가 작은 오차이지만 1 cm의 길이를 잴 때에는 1 mm도 큰 오차인 것이다. 이러한 점을 고려하여 ‘상대오차’를 다음과 같이 정의한다.

$\text{상대오차} = \left|\frac{\text{참값} - \text{측정값}}{\text{참값}}\right| \times 100[\%]$ (4)

참값이 0인 경우에는 상대오차를 계산할 수 없다. 앞의 두 예에서 전자의 경우에는 0.1%의 상대오차이고 후자의 경우에는 10 %의 상대오차가 된다.

참값은 여러 가지 방법으로 얻는다. 중력가속도나 소리의 속도 같은 데이터는 문헌을 통해서 그 참값을 찾아볼 수 있고 전기저항은 색 코드로부터 알아내며 저울추와 같이 실험기기에 표시된 규격(規格, specification)으로부터 구할 수도 있고, 공인된 기관에 그 참값을 의뢰할 수도 있다. 일반물리실험의 가장 큰 목적은 강의실에서 배운 내용을 익히고 검

증하는 것이므로 측정값 자체에 그리 큰 비중을 두지는 않지만 일반적으로 상대오차가 10 %이내라야만 의미 있는 측정이라고 말할 수 있을 것이다.

4. 정확도(accuracy)와 정밀도(precision)

참값에 가까운 정도를 정확도라 한다. 어느 스톱워치(stopwatch)가 제대로 시간 간격을 측정해 줄 때, 그 시계를 '정확하다' 고 하고 우리 방의 온도계가 실제 온도를 가리킬 때 그 온도계는 정확하다고 한다. 즉, 식 (3)또는 (4)의 값이 작은 것을 정확한 측정이라고 말하는 것이다.

한편, 주어진 하나의 조건하에서 반복 측정하였을 때, 같은 값이 되풀이되어 얻어지는 정도를 정밀도라 한다. 1 m 낙하실험에서 매번 똑같은 낙하시간이 측정되었다면, 그 결과는 완벽하게 정밀하다고 말한다. 즉, 식 (2)의 표준편차가 작을 때, 그 데이터는 정밀한 것이다. 그림2에 정확도에 정밀도에 대한 비교를 나타내었다.

실험에서 정확도와 정밀도는 기구의 성능에 많이 의존하지만, 실험자의 노력도 중요한 요소가 된다. 정확도와 정밀도를 높이기 위해, 실험내용에 대한 충분한 사전 이해와 철저한 실험준비, 및 실험방법에 대한 세심한 연구가 필요하다.

5. 오차의 전파

직육면체의 가로, 세로 및 높이를 각각 열 번씩 측정하여 그 부피를 구하는 실험을 생각해 보자, 이를 데이터를 이용하면 1,000개의 부피에 관한 데이터를 얻을 수 있고 이로부터 평균값과 표준편차를 구할 수 있다. 그러나 보다 합리적인 방법은 가로, 세로, 높이에 대한 각각의 평균값들을 먼저 구하고 이 평균값들을 곱하여 부피를 구하는 것이다.

이 경우에 문제점은 부피의 오차를 추정하는 것이다. 한 가지 분명한 점은 각 변의 길이의 오차 때문에 부피의 오차가 생긴다는 것이다. 따라서 실제 측정상의 개별적 오차가 계산하고자 하는 물리량에 어느 정도 전파되는가를 알 필요가 있다.

구체적으로 어떤 물리량 z가 다른 물리량 x, y, ……의 $z=f(x,y,\cdots\cdots)$의 관계로 주어졌다고 하자. 그리고 x, y, ……의 측정으로부터 $\bar{x}$, $\bar{y}$, ……의 평균값과 σ_x, σ_y, …… 의 표준편차들을 얻었다고 하자. 그러면 z의 평균값은

$$\bar{z} = f(\bar{x}, \bar{y}, \cdots) \tag{5}$$

로 주어지며 z의 표준편차는 다음과 같다.

$$\sigma_i^2 = \left(\frac{\partial f}{\partial x}\right)_0^2 \sigma_x^2 + \left(\frac{\partial f}{\partial y}\right)_0^2 \sigma_y^2 + \cdots\cdots \tag{6}$$

여기서 $\left(\frac{\partial f}{\partial x}\right)_0$, $\left(\frac{\partial f}{\partial y}\right)_0$ …는 평균값 $\bar{x}$, $\bar{y}$, …에서 계산한 편도함수들을 의미한다. 위의 식을 오차의 전파공식이라고 한다.

실제로 다음과 같은 경우들은 간단한 실험에서 자주 나타나므로 익숙해 두는 것이 편리하다(보기에서 a, b는 주어진 상수이다).

(1) $z=ax\pm by$ $\quad \sigma_z^2 = a^2\sigma_z^2 + b^2\sigma_y^2$ (7)

(2) $z = axy$ $\qquad \dfrac{\sigma_z^2}{z^2} = \dfrac{\sigma_x^2}{x^2} + \dfrac{\sigma_y^2}{y^2}$ (8)

(3) $z = a\dfrac{x}{y}$ $\qquad \dfrac{\sigma_z^2}{z^2} = \dfrac{\sigma_x^2}{x^2} + \dfrac{\sigma_y^2}{y^2}$ (9)

(4) $z = a\,x^b$ $\qquad \sigma_z = ab\,x^{b-1}\,\sigma_x$ (10)

(5) $z = a\,e^{bx}$ $\qquad \sigma_z = bz\,\sigma_x$ (11)

(6) $z = a\log bx$ $\qquad \sigma_z = \dfrac{a}{x}\,\sigma_x$ (12)

측정오차는 작을수록 좋다는 것은 자명하다. 그러나 제한된 시간에 주어진 장비로 최대한의 좋은 결과를 얻으려면 결과적인 최종오차 (σ_z)가 최소가 되도록 x, y, ……등의 오차들을 상대적으로 최적화되도록 실험을 계획하는 것이 바람직하다. 위의 공식들을 보면 덧셈과 뺄셈에서는 절대오차가 같은 정도의 크기가 되도록 하는 것이 좋다. 또한 곱셈과 나눗셈에서는 상대오차가 같은 정도가 되도록 하는 것이 합리적이다. 유효숫자를 다룰 때 숫자의 가감승제에서 이러한 오차전파의 공식이 반영되어 있음을 알 수 있다. 그리고 공식 (10)과 (11)에서 보듯이 멱함수의 경우에는 지수가 클수록 전파되는 오차 량도 커지는 것을 알 수 있으므로 특히 정밀한 측정이 요구된다.

6. 그래프(Graph)

보고서에서 그래프는 가장 중요하다. 시험내용을 함축적으로 보기 쉽게 나타내 주기 때문이다. 그림1에서 보인 바와 같이 그래프는 보통 사각형의 틀을 가지고 다음과 같은 과정을 거쳐 작성한다.

(1) 그래프 값의 범위 선택 : 우선, 가로축 및 세로축 값의 범위가 데이터의 범위를 참고하여 적절히 선택되어져야 하는데, 한가 지 주의할 점은 그래프의 왼쪽 아래의 좌표가 꼭 (0,0)일 필요는 없다. 예를 들어, 실험에서 얻은 데이터의 가로축 값의 범위가 28.9 ~ 42.7이고 세로 축 값의 범위가 0.0165 ~ 0.0183 이라면, 그래프의 가로축의 범위를 25 ~ 45로 하고 세로축의 범위를 0.015 ~0.020으로 하는 것이 하나의 현명한 선택이라 할 수 있을 것이다.

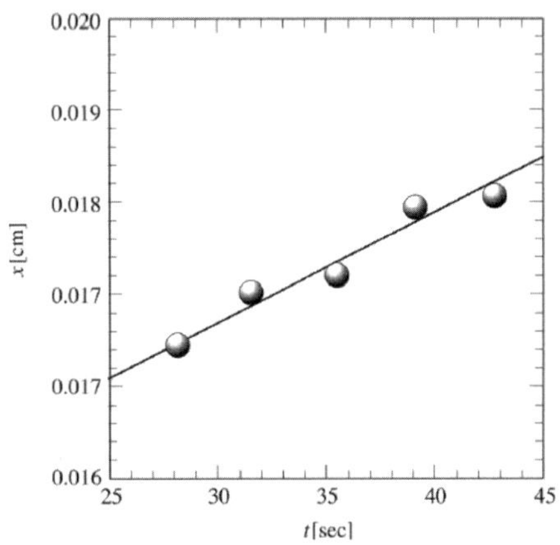

그림 1

(2) 눈금(tick): 데이터의 값을 알아볼 수 있도록 눈금과 숫자를 매겨야 한다. 눈금에는 작은 눈금과 큰 눈금 두 가지가 있는데, 그 눈금들이 개수는 그래프의 값의 범위에 따라 적절히 선택한다. 위의 예에서 가로축 큰 눈금은 25, 30, 35, 40, 45의 위치에 그리고 그 위치들 사이에 작은 눈금을 네 개씩 그리면 될 것이다. 작은 눈금의 길이는 큰 눈금 길이의 반 정도가 되도록 한다. 가로축 큰 눈금 밑과 세로축 큰 눈금 왼쪽에는 그 눈금이 나타내는 숫자를 적어야 한다.

(3) 가로축 및 세로축의 변수명과 단위 : 가로축 변수명과 단위는 사각형 틀의 밑에 쓰고 세로축 변수명과 단위는 사각형의 틀의 왼쪽에 눕혀서 쓴다. 단위를 반드시 나타낼 것.

(4) Data plot : 실험에서 얻은 데이터를 기호로 나타낸다. 기호는 원·사각형·삼각형·마름모 등이 사용될 수 있으며, 적당한 크기로 그리도록 한다. 데이터와 데이터를 꺽은 선으로 연결하지 않도록 한다.

(5) Curve-fitting결과 : 데이터를 가장 잘 대표하는 직선을 붉은색으로 그래프에 그린다.

7. Linear Curve-Fitting

이론은 실험을 통하여 검증되고 보완된다. 실험을 통하여 N개의 데이터

$$(X_i, Y_i),\quad i=1, \cdots, N \tag{13}$$

을 얻었다고 할 때, 이를 검증하고자 하는 이론식에 어떻게 비교하여야 할까?

실험의 이론적 토대가 되는 식으로는

$$y = k_0 + k_1 x \tag{14}$$

$$Y = aX^b \tag{15-a}$$

$$Y = ae^{\beta x} \tag{16-a}$$

등이 있다, 식 (7-a)에 의해 표현되는 법칙을 "power law"라 하며, 식 (8-a)는 지수 적으로 어떤 값에 접근(수렴)하는 경우에 등장한다. 이 두 식의 양변에 로그를 취하면 그들은 각각

$$\log(Y) = \log(a) + b\log(X) \tag{15-b}$$

$$\log(Y) = \log(a) + \beta x \tag{16-b}$$

가 되는데, 여기서

$$y = \log(Y),\ x = \log(X) \tag{17}$$

로 치환하면, 위의 두 식 모두 (14)의 형태로 표현됨을 알 수 있다, 즉, (14)의 형태는 직선 말고도 여러 가지 함수를 취급할 수 있게 해 주는 것이다.

수학에서 가장 간단한 함수는 (14)와 같은 일차함수 즉 직선의 식인데, 자연계의 많은 법칙들은 이러한 선형적인 관계를 만족한다. 뉴턴의 운동법칙, Hooke의 법칙, Ohm의 법칙 등등 . 일반적으로 데이터를 수학적으로 가장 잘 연결하는 곡선을 찾는 작업을 curve-fitting 또는 regression 이라 하며, 그 곡선이 (14)와 같은 직선인 경우를 linear regression이라

하는데, 최소자승법에 의한 linear regression에 의하면 실험데이터 (13)를 가장 잘 대표하는 직선의 식 (14)은

$$\text{기울기 : } k_1 = \frac{N \cdot \sum_{i=1}^{N} X_i Y_i - (\sum_{i=1}^{N} X_i) \cdot (\sum_{i=1}^{N} Y_i)}{N \cdot \sum_{i=1}^{N} X_i^2 - (\sum_{i=1}^{N} X_i)^2} \tag{18}$$

$$\text{y-절편 : } k_0 = \frac{1}{N}\left[\sum_{i=1}^{N} Y_i - k_1 \sum_{i=1}^{N} X_i\right] \tag{19}$$

에 의해 주어진다.

실험결과를 나타내는 그래프에는 실험데이터를 원이나 사각형 같은 기호로 표시하고, 위의 방법으로 얻은 직선을 붉은색으로 같이 그린다. Data와 Data를 꺽은선으로 연결하는 것은 하지 않도록 한다. Regression으로 얻은 붉은색의 직선이 데이터를 제대로 통과하고 있는지 살펴서, 그렇지 못한 경우에는 계산이 잘못된 것이므로 다시 점검해야 함은 물론이다.

8. 최소제곱법

실험에서는 두 개의 서로 다른 물리량 사이의 상관관계를 조사하는 경우가 많다.

Y를 종속되는 물리량, X를 독립적으로 변화되는 물리량이라고 할 때, X값에 따른 Y값의 변화를 조사하면 (x_1, y_1), (x_2, y_2), $\cdots(x_n, y_n)$의 n쌍 데이터를 얻게 된다. 이
들 물리량 사이의 상관관계를 조사하기 위해 그래프를 그리면 그림 2와 같은 결과를 얻을 수 있다.

그림의 결과는 수학적인 선형성이 성립되지 않지만 전체적으로는 선형적인 관계를 나타내는 것으로 볼 수 있으며, 전체 데이터는

$$Y_i = c_1 + c_2 x_i \tag{20}$$

인 관계로 표시할 수 있다. 이 때, Y_i는 독립변수 X_i에 대응하는 Y_i의 기대 값이다. 즉, Y는 i번째 x값에 대해 반복 실험하면 가장 높은 빈도를 나타날 것으로 기대되는 y_i의 최확 값(most probable value)이다.

최소제곱법이란 산란된 데이터를 직선으로 나타낼 때 측정값 y_i와 기대 값 Y_i의 차 즉, 편차 $(y_i - Y_i)$의 제곱의 합이 최소화 되도록 하는 조건으로 c_1과 c_2를 정하는 통계적 방법을 말한다, 따라서 최소제곱법에는

$$\Delta^2 = \sum (y_i - Y_i)^2 \tag{21}$$

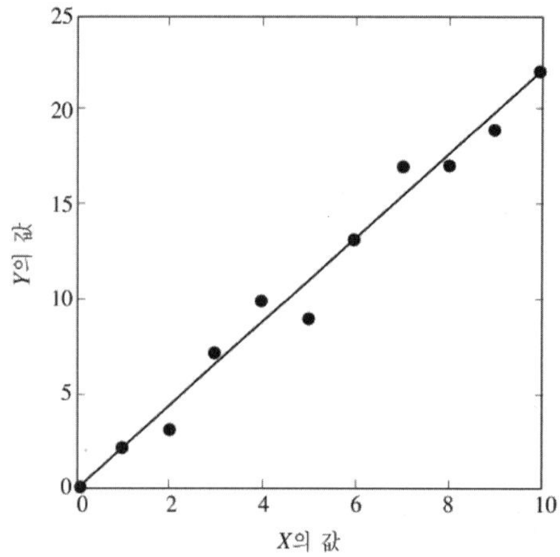

그림 2

를 최소화 시키게 된다. 식 (20)을 식(21)에 대입하고, c_1과 c_2에 대해 미분하여 0으로 놓으면

$$\frac{\partial \Delta^2}{\partial c_1} = \frac{\partial}{\partial c_1} \sum_{i=1}^{n} (y_i - c_1 - c_2 X_i)^2 = 0 \tag{22}$$

$$\frac{\partial \Delta^2}{\partial c_2} = \frac{\partial}{\partial c_2} \sum_{i=1}^{n} (y_i - c_1 - c_2 X_i)^2 = 0 \tag{23}$$

으로 되고, 이로부터

$$\sum_{i=1}^{n} (y_i - c_1 - c_2 X_i) = 0 \tag{24}$$

$$\sum_{i=1}^{n} (y_i - c_1 - c_2 X_i) X_i = 0 \tag{25}$$

를 얻는다. 따라서 c_1과 c_2는 각각

$$c_2 = \frac{\sum_{i=1}^{n} X_i \sum_{i=1}^{n} y_i - n \sum_{i=1}^{n} X_i y_i}{\left(\sum_{i=1}^{n} X_i\right)^2 - n \sum_{i=1}^{n} X_i^2} \tag{26}$$

$$c_1 = \frac{\sum_{i=1}^{n} y_i - c_2 \sum_{i=1}^{n} X_i}{n} \tag{27}$$

인 값을 얻게 된다. 최소제곱법은

$$y(c) = c_1 + c_2 X + c_3 X^2 + c_4 X^3 + \cdots \tag{28}$$

의 형태로 data를 fitting 하는데도 적용될 뿐 아니라 보다 일반화된 데이터 fitting에서도 그 개념이 적용되고 있다.

[4] 기본측정

1. 버어니아 캘리퍼스(Vernier calliper)

1631년 pierre vernier가 발명한 vernier자를 사용하여 자 위의 가장 작은 눈금의 소수부분(1/10)까지 측정할 수 있다. vernier자가 달린 calliper를 vernier calliper라고 한다. 이 vernier자는 주척을 따라 왔다 갔다 하는 부척을 말한다. 주척의 최소 눈금을 1/n까지 정밀히 읽자면 주척의 (n-1)눈금의 길이를 n등분한 부척, 또는 주척의 (n+1)눈금을 n등분한 눈금을 n등분한 눈금의 부척을 사용한다.

그림 3(a)는 주척의 최소 눈금을 9로 잡아 10등분한 부척이며 , 그림 3(b)는 이 부척으로 물체의 길이를 측정한 경우는 ↑표로 가리킨 곳이 부척과 주척의 눈금이 일치했으므로 3.7이라고 읽는다. 그림 3(c)는 주척의 11눈금을 10등분한 것인데 그림 3(d)는 이것으로 측정한 것이다. 즉, 3.7이 됨을 알 수 있다.

그 외에 더 정밀히 읽기 위해 주척의 19눈금을 20등분한 vernier calliper도 있는데 이 calliper로써는 0.05 mm 까지 측정할 수 있다. 또 주척의 39눈금을 20등분한 것은 역시 0.05 mm까지 측정할 수 있다. 그림 4(a)는 주척의 49눈금을 50등분한 것으로 0.02 mm까지 측정 할 수 있다. 그림 4(b)와 그림 4(c)는 인치로 표시된 vernier calliper이다. 위의

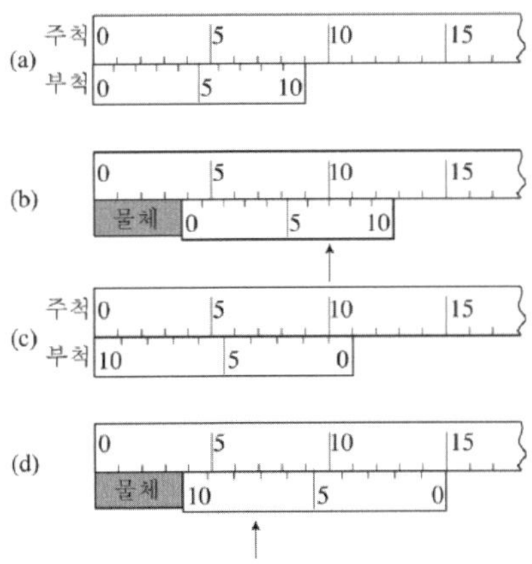

그림 3 부척의 읽음 (예)

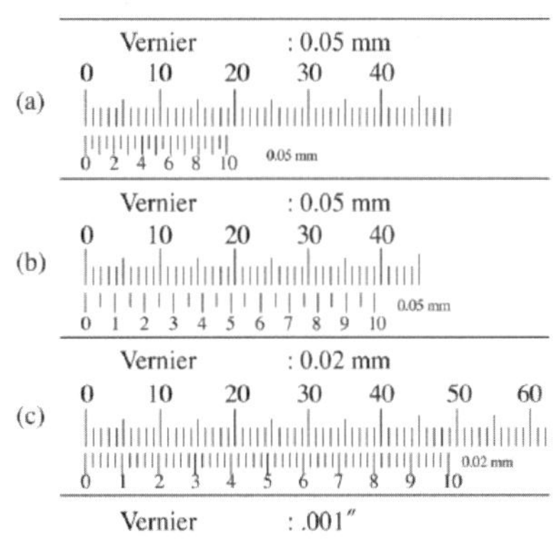

그림 4 부척의 읽음 (예)

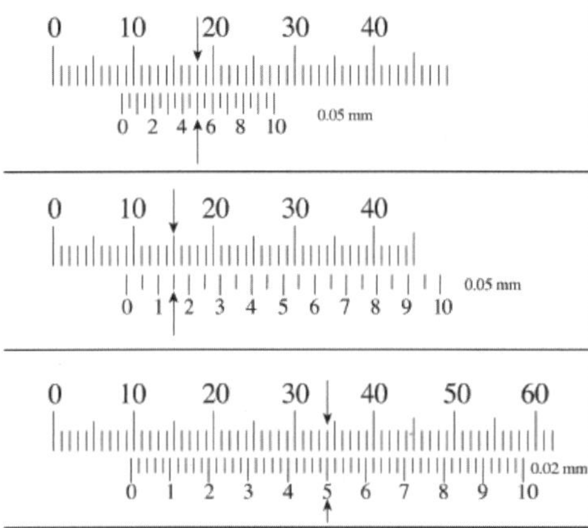

주척		:8 mm
부척	(0.05×10)	:0.50 mm
읽기		:8.50 mm
주척		:9 mm
부척	(0.05×3)	:0.15 mm
읽기		:9.15 mm
주척		:9 mm
부척	(0.02×25)	:0.50 mm
읽기		:9.50 mm

그림 5 부척의 읽음 (예)

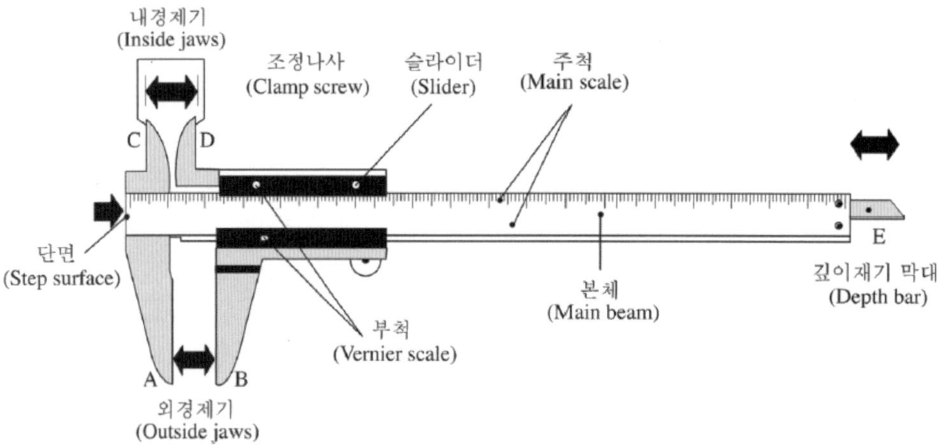

그림 6 캘리퍼스

각 경우에 대해 실제로 측정한 값을 읽어 놓은 예를 그림 5에 그려놓았다. 한편 vernier calliper의 용도를 살펴보면 AB의 outside jaws로 바깥지름을 측정하고, CD(inside jaws)로 안지름을, E(depth bar)로 길이를 측정할 수 있다. 그림 6은 vernier calliper의 올바른 사용법을 도식화하였다.

2. 마이크로미터 (Micrometer)

그림 7과 같이 금속으로 만든 틀(frame) F의 한쪽에 평면 금속편의 모루(anvil) A가 달려있고, 반대쪽에는 그 표면에 mm의 눈금이 그어져 있으며 안쪽이 암나사로 되어 있는 원통 소매(sleeve) B가 고정되어 있다. 이 소매에는 1/2 mm 또는 1 mm 피치(pitch)의 나사 스핀들(screw spindle) C가 끼워져 있고 이 C의 A에 대한 단면은 A와 평행하게 되어 있다.

손잡이(thimble) D의 한 왼쪽 끝의 원추면에는 원주를 50등분 또는 100등분한 눈금이 그어져 있고 눈금의 영점은 A와 C의 단면이 맞닿았을 때 B의 눈금이 영점과 일치하게 되어 있다. 나사의 pitch가 1/2 mm인 것은 D를 두 바퀴 돌렸을 때 C가 1 mm 진행한다.

A, C 사이에 물체를 길이를 잴 때 압력을 일정히 하기 위해서 D의 오른쪽 끝에 돌리개(ratchet stop) 또는 slip E가 붙어 있다.

이 손잡이 E는 용수철 작용으로 A, C 사이의 압력이 어느 일정한 압력에 달하면 헛돌게 되어 있다. 대부분의 마이크로미터(micrometer) 나사의 피치는 1/2 mm 이고, B의 눈금은 회전수가 아닌 mm수를 나타낸다. D자에는 50개의 눈금이 있으므로 이 눈금 하나는 눈어림으로 읽어야 하므로 길이를 1/1000 mm까지 측정하게 된다. B자를 만드는 데는 여러 가지 방법이 쓰인다.

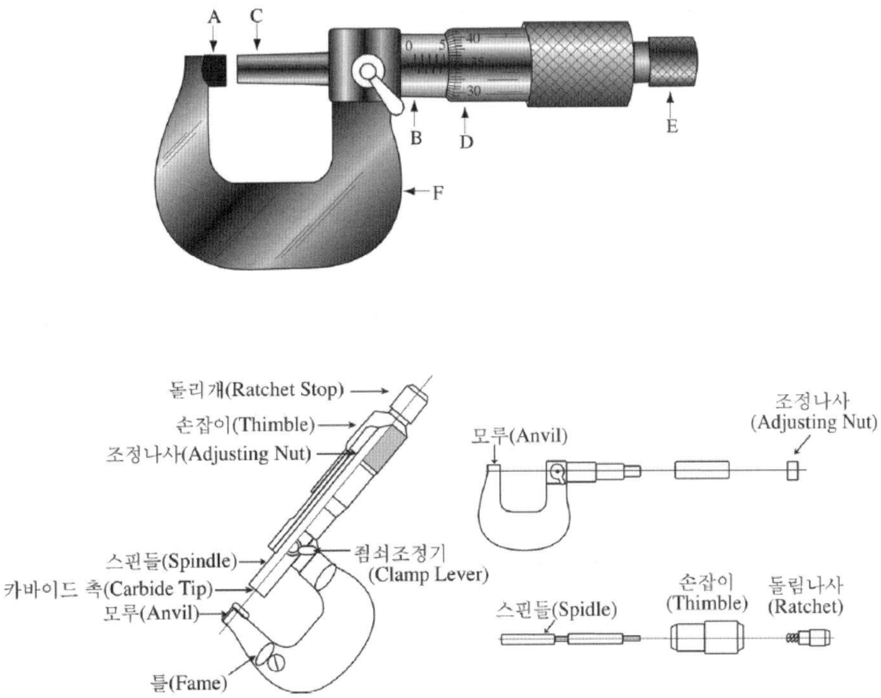

그림 7 마이크로미터

그림 8에서는 1 cm를 20 등분하여 각 눈금을 1/2 mm를 나타내거나, D의 1회전을 표시하고 쉽게 식별하기 위해 그림 8(b)와 같이 1/2 mm 표시하거나, 그림 8(c)와 같이 약간 짧은 중간 눈금 표시를 하기도 하고, 그림 8(d)와 같이 1/2 mm 누름을 아예 생략하기도 하는데, 이때에는 1/2 mm인 점이 지나갔는지의 여부를 B자와 D자로써 측정자가 검토 하여 결정해야 한다.

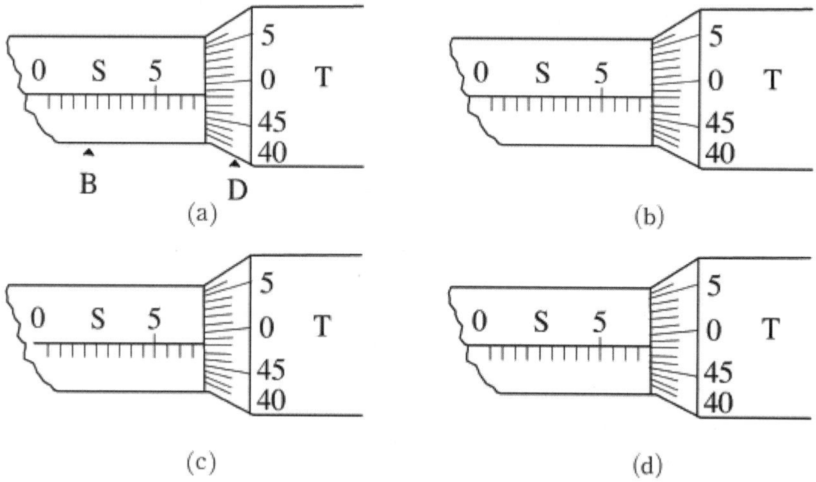

그림 8 마이크로미터의 눈금

그림 8의 그림 중의 하나를 참조하면 B자의 눈금은 6.5 mm 이고 D자의 눈금은 1 mm 의 48.4/100 임을 알 수 있다. 그러므로 완전한 눈금은 6.5 mm + 0.484 mm 또는 6.984 mm 이다. A와 C 사이에 틈이 없이 꼭 맞았을 때 micrometer가 영의 눈금을 가리키지 않으면 영점 오차를 가졌다고 하고, 이때의 눈금을 영점 눈금이라고 한다. 영점 눈금을 마이크로미터로 읽은 모든 눈금으로부터 대수적으로 빼야 한다. 이것은 정확하게 얻은 결과로 나타내고 상당한 시간적인 절약을 하게 되므로 영점 눈금은 한번만 잰 눈금보다는 여러 번 잰 눈금들의 평균값으로부터 빼내야 한다.

2장 역학

실험 1. 힘의 평형

1. 목적

힘의 합성대를 이용하여 몇 개의 힘이 평형이 되는 조건을 연구하고, 이를 도식법과 해석법으로 비교 분석한다.

2. 기본 원리

[그림 1.1]에서 우주선 X와 Y가 벡터 $\vec{F}_x$ 와 $\vec{F}_y$ 만큼의 힘으로 소행성을 당기고 있다. 이 힘들은 소행성의 같은 지점을 당기고 있다. 힘을 벡터 량으로 표시할 때 화살표의 방향은 힘의 방향을, 화살표의 길이는 벡터의 양을 나타낸다. (힘의 양은 끄는 끈의 길이와 무관하다.)

소행성에 작용하는 총 힘은 벡터 $\vec{F}_x$ 와 $\vec{F}_y$ 를 더함으로써 구할 수 있다. 벡터의 합은 평행사변형 법을 이용하여 구한다. $\vec{F}_x$ 와 $\vec{F}_y$ 합 인 평행사변형의 대각선은 소행성에 작용하는 전체 힘의 방향과 크기를 표시하는 벡터 $\vec{F}_r$ 이다. $\vec{F}_r$ 은 $\vec{F}_x$ 와 $\vec{F}_y$ 의 합력이라 부른다. 이 소행성이 움직이지 않게 하기 위해서는 $\vec{F}_e$ 가 필요 하다. $\vec{F}_e$는 $\vec{F}_r$ 과 크기는 같지만 방향은 반대다. 이번 실험에서는 평형 상태를 이용하여 둘 이상의 힘의 합력을 찾아보도록 한다.

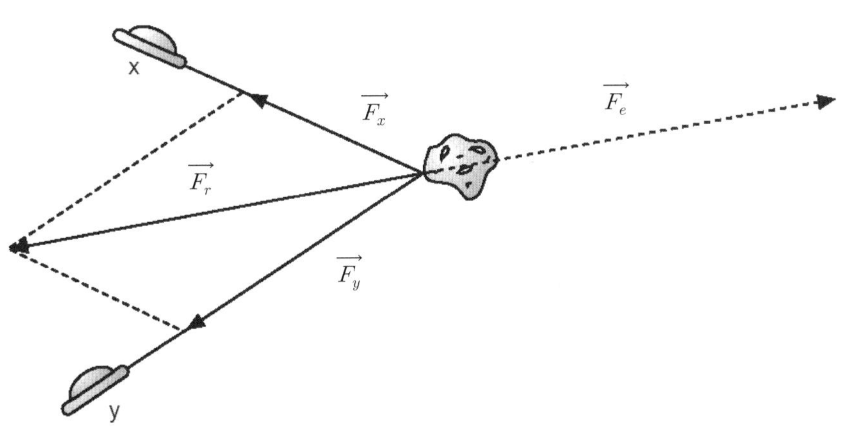

그림 1-1 우주선의 합력과 평형

<도식 법에 의한 벡터 합성>

그림 1-2(a)와 같은 OA와 OB의 합을 구해보자. 이들의 벡터 합 또는 합력 R은 그림 1-2(b)와 같이 두 벡터를 한 쌍의 변으로 하는 평행사변형을 그려서 두 벡터가 만나는 점으로부터 평행사변형의 대각선을 그림으로써 구한다. 이 대각선 벡터 R은 두 벡터의 합으로서 합력의 크기와 방향을 나타낸다.

두 개 이상의 벡터들의 합력을 구할 때는 다각형 법을 이용하는데, 이것을 그림 1-2(c)에서 보여주고 있다. 처음에 벡터 $\vec{A}$의 화살표 끝에서 벡터 $\vec{B}$를 그린다. 그리고 $\vec{B}$의 화살표 끝에서 다시 벡터 $\vec{C}$를 그렸을 때 벡터 $\vec{A}$의 시작점으로부터 벡터 $\vec{B}$의 끝을 연결한 벡터 $\vec{R'}$는 벡터 $\vec{A}$와 $\vec{B}$의 합 벡터($\vec{A}+\vec{B}$)가 되고 벡터 $\vec{A}$의 시작점으로부터 벡터 $\vec{C}$의 끝을 연결한 벡터 $\vec{R}$은 벡터 $\vec{A}$, $\vec{B}$, $\vec{C}$의 합이 된다. 같은 방법으로 여러 벡터들의 합을 구할 수 있다.

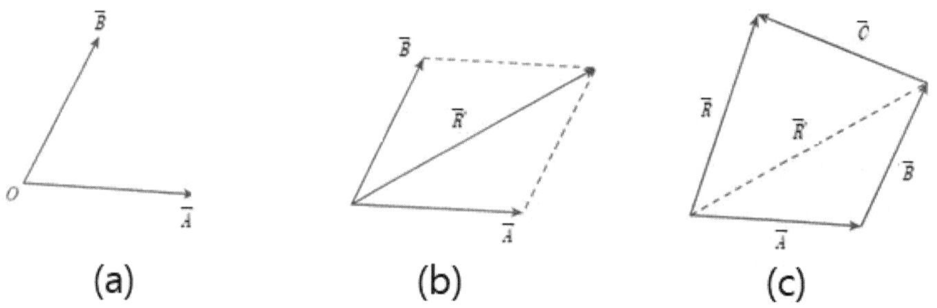

그림 1-2 힘의 합력

<해석법에 의한 합성 방법>

두 벡터의 합은 sine과 cosine의 삼각법칙을 이용하여 해석적으로 구할 수 있다. 그림 4와 같은 두 벡터 $\vec{A}$, $\vec{B}$를 생각하자. 이 그림에서 합력 $\vec{R}$의 크기는 다음과 같은 식으로 구할 수 있다.

$$|\vec{R}| = \sqrt{|\vec{A}|^2 + |\vec{B}|^2 + 2|\vec{A}||\vec{B}|\cos\theta} \qquad (1)$$

여기서 θ 는 벡터 $\vec{A}$와 벡터 $\vec{B}$의 사이각도

이 때 각 ϕ 는

$$\tan\phi = \frac{|\vec{B}|\sin\theta}{|\vec{A}| + |\vec{B}|\cos\theta} \qquad (2)$$

가 된다. 힘 $\vec{A}$, $\vec{B}$와 또 하나의 힘 $\vec{C}$가 평형을 이루기 위해서는 힘 $\vec{A}$, $\vec{B}$의 합력 $\vec{R}$과 크기가 같고 방향이 반대인 힘 $\vec{C}$를 작용시키면 된다.

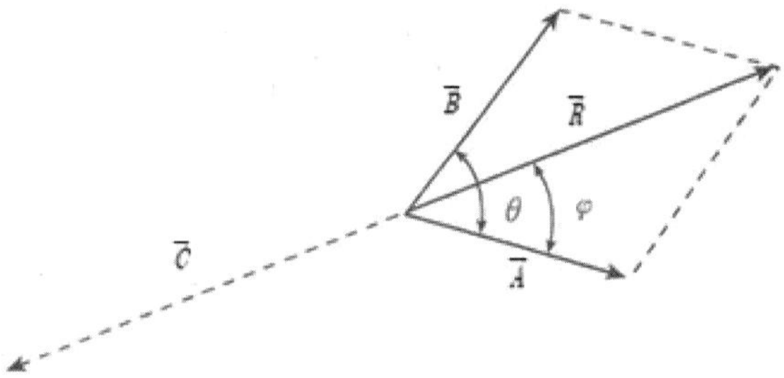

그림 1-3 힘의 벡터 합성

3. 실험 기구

- 디스크
- 추와 추걸이 세트
- 수준기
- 클램프가 달린 도르래
- 포스 링
- 합성대

4. 실험 방법

(1) 수준기를 사용해서 합성대가 수평이 되도록 조절나사를 사용해서 수평을 맞춘다.

(2) 먼저 임의의 질량을 추걸이 1에 올려 놓고 나머지 추걸이 2,3에 적당한 추를 달고 각도를 조절하여 평형상태가 되도록 한다.

(3) 평형이 이루어졌으면 이를 확인하기 위해서 중앙의 가락지를 흔들어도 다시 중앙에 정지되는지 확인하고, 추 A, B, C의 질량 m_A, m_B, m_C 와 각각의 각도 θ_A, θ_B, θ_C 를 기록한다.

(4) 같은 실험을 추의 질량을 바꾸어 가며 5회 실시한다.

(5) 이상의 결과를 작도법과 해석법으로 구하여 실측치와 비교한다.

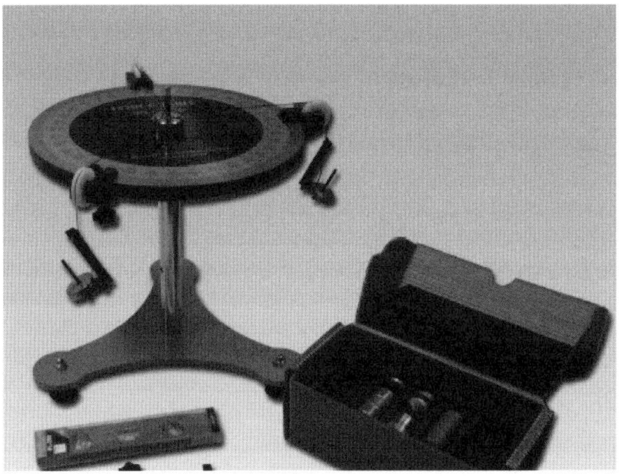

그림 1-3 힘의 평형 실험 장치

힘의 합력과 평행력 결과보고서

학과(전공) ________, 학번 _________, 이름________, 실험조_____, 실험일시 ________

1. 측정값

(1) 추 3개를 이용

횟수	추A의 각	추A 질량 m_1(kg)	추B의 각	추B 질량 m_2(kg)	추A와 추B의 사잇각	추C의 각	추C 질량 m_3(kg)
1							
2							
3							
4							
5							

*추 걸이 질량 = 5 g

(2) 실험 및 계산

횟수	추A의 힘 (N)	추B의 힘 (N)	추A와 B의 사잇각(θ)	추A와 추B의 합력 R(N)	추C의 힘 (N)	오차(%)
1						
2						
3						
4						
5						

* 추의 힘 $F=mg$
* 합력 $|\vec{R}| = \sqrt{|\vec{A}|^2 + |\vec{B}|^2 + 2|\vec{A}||\vec{B}|\cos\theta}$

2. 도식 법에 의한 벡터 합성

3. 결과 및 토의

실험 2. 자유낙하 실험 (Free Fall)

1. 목적

자유낙하 하는 물체의 운동시간과 거리를 측정하여 지구 중력장에서의 중력가속도를 구한다.

2. 원리

처음 속도 없이 정지 상태에서 중력만 받아 떨어지는 물체의 운동을 자유낙하 운동이라 한다. 등가속도 운동 방정식 (1)에서

$$x = x_0 + v_0 t + \frac{1}{2} g t^2 \tag{1}$$

처음속도를 0, 낙하위치를 기준점으로 잡으면 $x_0 = 0$ 이 되어

$$x = \frac{1}{2} g t^2 \tag{2}$$

같이 된다. 자유낙하 운동에서 공기의 저항은 무시하기로 한다.

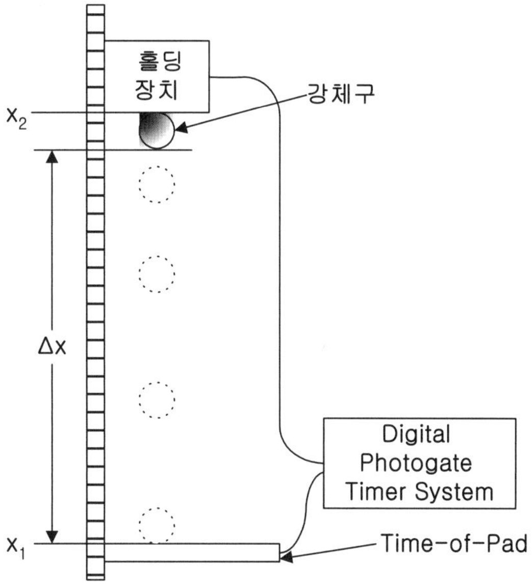

그림 2-1 자유낙하 실험장치 원리

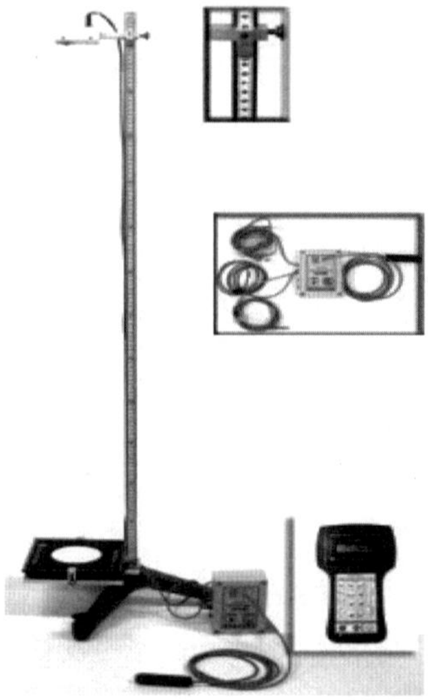

그림 2-2 자유낙하 실험장치

본 실험에서는 강체구가 Δx 만큼 낙하하였을 때 걸린 시간 t를 측정하여 그 결과로부터 (식 2)에 대입하여 중력가속도 g를 구할 수 있다.

$$g = \frac{2(x_2 - x_1)}{t^2} = \frac{2\Delta x}{t^2} \tag{3}$$

수식으로부터 중력가속도는 추의 질량에는 무관하고 오직 낙하거리와 시간에만 의존함을 알 수 있다.

3. 실험 기구

-자유낙하운동 실험장치

-수직추

4. 실험 방법

(1) 먼저 그림 3-2에서 보는 것과 같이 실험 장치를 구성한다. Main Control Unit과 Holding장치, Photogate Timer System을 연결하고, Main Control Unit와 Photogate Timer System의 전원을 연결한다. 이때 Main Control Unit은 포토게이트 1번 채널에 타임오브패드는 2번 채널에 연결한다. Main Control Unit의 볼륨을 적절히 조절하여 수직추가 부착될 정도로 고정한다.

(2) Holding 장치에 수직추를 부착하고, 스탠드의 높이조절나사를 이용해서 수직추가 time of Pad의 중심에 오도록 조절한다.

(3) Photogate Timer system을 선택스위치를 눌러 Time-One Gate모드로 설정한다.

(4) 쇠구슬의 직경(d)을 측정하고 Holding장치에 부착한다. 이때 쇠구슬이 부착될 수 있는 최소의 전압을 가하여야 한다.(Main Control Unit의 볼륨을 최대로 한 다음 쇠구슬을 부착 하고, 볼륨을 서서히 낮추어 쇠구슬이 떨어지면, 쇠구슬의 떨어졌을 때 보다 조금 더 높게 볼륨을 조절하여 실험하도록 한다. 이는 전자석 방식의 홀딩장치에 의한 쇠구슬의 자화를 최소한으로 줄이기 위해서이다.)

(5) Time-of-Pad의 지시 침 위치(x_1)를 기록한다.

(6) Holding장치의 지시 침 위치(x_2)를 기록한다.

(7) Photogate Timer 의 start 버튼을 눌러 Timer가 준비 상태가 되게 한다. (실제 start 시점은 Start손잡이의 버튼을 누른 후 이다.)

(8) Start손잡이 버튼을 누르면 강체구가 낙하하기 시작하고 포토게이트 타이머가 시간기록을 시작한다. 강체구가 Time of Pad에 닿는 순간 포토게이트 타이머는 시간을 멈추고 강체구의 운동시간을 표시 할 것이다. 강체구의 운동시간(t)를 5회 반복 실험하여 평균값을 기록한다.

(9) Holding장치의 위치를 5 cm씩 이동시켜 ④~⑧의 과정을 반복한다.

(10) 측정값으로부터 x축을 운동시간(t^2), y축을 이동거리(S)로 하여 그래프를 작성한다. 그래프의 기울기로부터 중력가속도 g를 산출한다.

(11) 직경이 다른 강체구로 바꾸어 위의 실험을 반복한다.

※ 스트로보스코프를 사용하면 그림 3-3과 같이 강체구가 자유낙하 운동하는 동안 등 시간간격동안 낙하거리가 길어짐을 눈으로 쉽게 확인 할 수 있다.

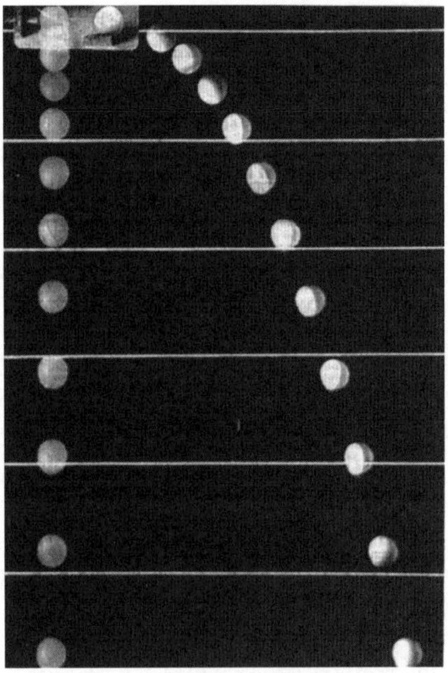

그림 2-3 스트로보스코프 사진

자유낙하 실험 결과보고서

학과(전공)________, 학번:_________, 이름:________, 실험조:______, 실험일시:________

1. 측정값 및 계산

(1) 디지털 계수기를 이용한 측정 데이터

구분 / S(m)	1차	2차	3차	4차	5차	평균값(t)	g=$\frac{2\Delta S}{\Delta t^2}$	오차(%)
0.8								
0.7								
0.6								
0.5								
0.4								
0.3								
0.2								

(2) 데이터를 이용한 그래프

- 시간 t에 대한 낙하거리 s 의 관계

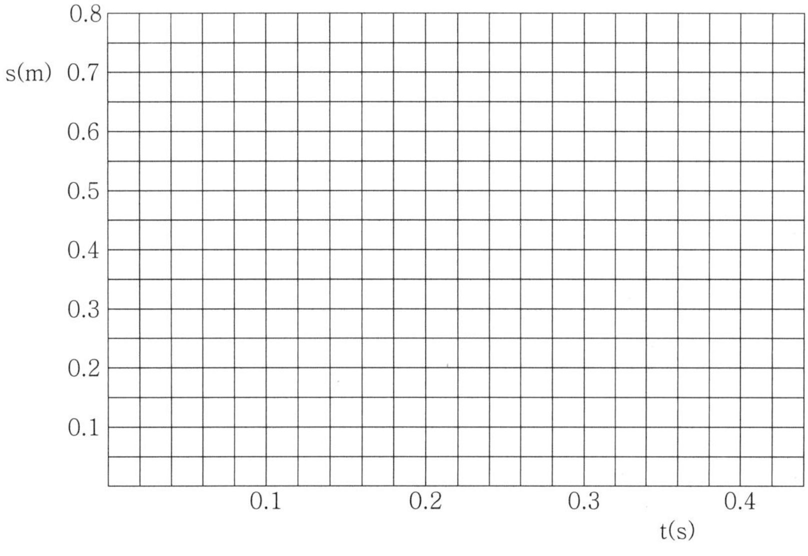

- 낙하거리 s와 t^2의 관계 (중력에 의한 가속도 g를 결정하기)

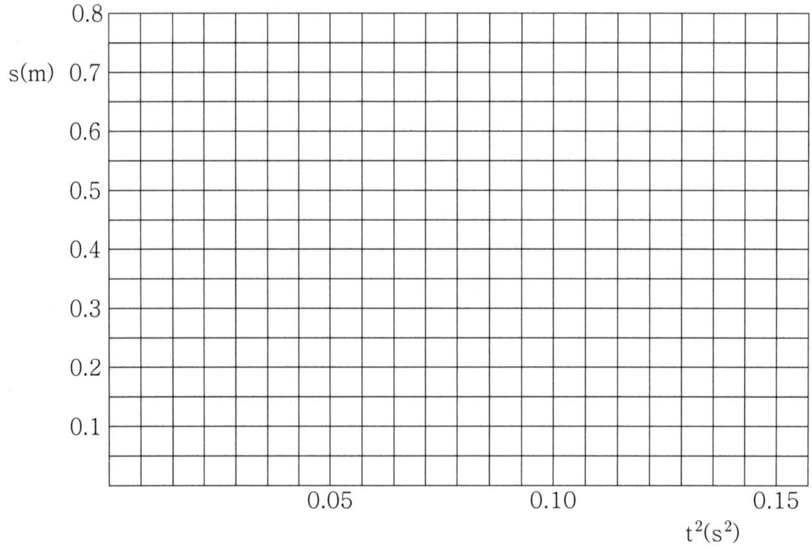

2. 측정값의 해석

3. 결과 및 토의

실험 3. 역학적에너지보존 측정

1. 목적

단진자를 이용하여 중력장 속에서의 위치에너지와 운동에너지의 변화 및 역학적 에너지의 보존을 측정한다.

2. 기본 원리

물체가 힘을 받으면 그 힘에 비례하는 가속도로 운동하게 되는데, 이 때 이 힘이 한 일은 물체의 운동에너지의 변화와 같다. 이것을 일-에너지 정리라 하고, 이 때 다음과 같은 식이 성립한다.

$$W = \int_{x_0}^{x} F(x)dx = \frac{1}{2}mv^2 - \frac{1}{2}mv_0^2 = KE - KE_0 \tag{1}$$

한 물체에 작용하는 힘이 보존력이라면, 위치에너지는 다음과 같이 정의된다.

$$PE(x) = -\int F(x)dx + U_0 \tag{2}$$

물체가 받는 합력 F_t는 편의상 보존력장에 의한 힘 F_C와 마찰력과 같은 비보존력 F_n의 합으로 표시될 수 있다.

$$F_t = F_C + F_n \tag{3}$$

일-에너지 정리로부터

$$\int_{x_0}^{x} (F_C + F_n)dx = KE - KE_0 \tag{4}$$

따라서,

$$\int_{x_0}^{x} F_n dx = KE - KE_0 - \int_{x_0}^{x} F_C dx \tag{5}$$

식 (2)를 식 (5)에 대입하면,

$$\int_{x_0}^{x} F_n dx = KE - KE_0 + PE - PE_0 \tag{6}$$

이다. 만일, 물체에 작용하는 힘이 보존력뿐이라면

$$\int_{x_0}^{x} F_n dx = 0$$

이므로, 식 (6)은 다음과 같다.

$$KE - KE_0 + (PE - PE_0) = 0\ ,$$

또는

$$KE_0 + PE_0 = KE + PE = \text{일정},$$

이다. 즉 보존력장에서는 운동에너지와 위치에너지를 합한 총에너지는 보존된다.

본 실험은 보존력장인 중력장 내에서의 진자의 운동으로 역학적 에너지가 보존되는가를 검토하는 것이다. 진자가 높이 y 만큼 높이 있을 때는 가장 낮은 지점보다 $\Delta PE = mgh$ 만큼의 에너지가 증가한다. 여기서 g 는 중력가속도, m 은 그 물체의 질량이다. 이 진자가 가장 낮은 지점에서는 운동에너지가 최대가 되며 그때의 운동에너지는 $\frac{1}{2} mv_x^2$ 가 된다. 진자의 추가 가장 낮은 지점에서 면도날에 의해 실이 끊겨 초속도 v_x로 포물선운동을 하게 하였을 때 포물선운동을 한 수평거리를 x, 높이를 H 그리고 진자가 지면에 도달하는 데 걸린 시간을 T 라 하면 진자의 수평속도 v_x와 x, H 와의 관계는 다음과 같다.

$$H = \frac{1}{2} g\, T^2$$

$$x = v_x T$$

$$\therefore\ v_x = \sqrt{x^2 g / 2H}$$

이 값으로 계산된 운동에너지 $\frac{1}{2} m v_x^2$ 값과 위치에너지 값 mgh 을 비교하여 에너지 보존법칙을 검토할 수 있다.

3. 실험 기구

- 단진자
- 면도날
- 자
- 스탠드
- 먹지와 종이
- 실
- 고무판
- 압핀
- 추

4. 실험 방법

① 진자의 길이를 약 1m로 조정하여 고정대 위에 고정시키고, 한쪽에는 추를 매단다. 고정대 아래에는 면도칼을 고정시키되 주위 약 2cm 이내의 곳이 면도칼에 닿도록 고정시킨다. (추에서 면도날이 닿는 부분까지의 실의 길이가 되도록 짧은 것이 좋다.)

② 추를 적당한 높이까지 위로 올린 다음 놓아 보아 추의 실이 끊겨 추가 떨어지는 위치를 살펴 그 위치에 고무판을 깔고 추가 떨어지는 위치가 표시되게 고무판 위에 먹지와 종이를 올려 놓은 다음 움직이지 않도록 압정으로 고정시킨다.

③ 추를 실에 매달기 전에 추의 무게를 천칭으로 측정한 다음 추를 1m길이의 실에 매달고 높이 H을 자로 측정한다.

④ 실을 팽팽하게 하여 추를 높이 Δy만큼 높인 후 놓아준다. 이 때 Δy를 측정해 둔다.

⑤ 추의 실이 면도날에 끊겨 포물선운동을 하면서 떨어진다. 그러면 추가 떨어진 위치가 먹지에 의해 표시되었을 것이다. 이 위치와 추의 연직기준점과의 거리 x을 측정한다. (이 기준점은 연직추를 이용해서 정한다.)

⑥ 이 자료로부터 x 방향속도 $v_x = \sqrt{x^2 g / 2H}$ 을 구하여 이때의 운동에너지 $KE = \frac{1}{2} m v_x^2$ 을 구한다. 또한 위치에너지의 변화 $\Delta PE = mg\Delta y$ 을 구한다.

⑦ 위의 과정을 Δy를 변화시켜서 측정하여 기록한다. 이때 높이 H는 일정하게 하는 것이 좋다.

역학적 에너지보존측정 결과보고서

학과(전공) ________, 학번 _________, 이름________, 실험조_____, 실험일시 ________

1. 측정값 및 계산

횟수	Δy	PE	H	X	V_x	KE	PE - KE	KE/PE
1								
2								
3								
4								
5								
						평균		

2. 측정값의 해석

3. 결과 및 토의

실험 4. Linear Air Track

1. 목적

탄성, 비탄성 충돌의 의미를 알고, 그에 대한 운동량 보존을 알아본다.

2. 원리

충돌은 탄성 충돌과 비탄성 충돌로 나누어진다.

탄성 충돌의 경우, 물체가 충돌을 하면 두 물체의 운동 에너지는 충돌이 일어나는 동안에는 탄성에 의하여 위치 에너지로 저장되었다가 다시 운동 에너지로 전환되므로, 결과적으로 충돌 전후의 두 물체의 운동 에너지는 각각에 대해서는 달라질 수 있지만 두 물체의 운동 에너지의 합은 일정하다.

그러나 일상생활에서 일어나는 충돌은 비탄성 충돌이므로 충돌 전의 운동 에너지보다 충돌 후의 운동 에너지가 더 작다. 이렇게 운동 에너지의 차이가 나는 것은 운동 에너지가 없어진 만큼 충돌 후 물체의 외형을 변형시키거나 소리, 또는 열에너지로 전환되었기 때문이다. 그러므로 비탄성 충돌의 경우는 전체적인 역학적 운동에너지가 감소하지만, 그것은 에너지가 없어진 것이 아니라 다른 형태로 변형된 것이다.

충돌에 따라 충돌 전후의 운동 에너지가 달라지지만, 선운동량은 보존된다.

(1) 충돌 전후에 질량 m_1, m_2을 가진 두 개의 slider의 속도를 결정한다.

(2) 운동량 보존법칙의 증명 식을 이용한다.

- 탄 성 충 돌 : $p_1 + p_2 = p_1' + p_2' \Leftrightarrow m_1v_1 + m_2v_2 = m_1v_1' + m_2v_2'$
- 비탄성 충돌 : $p_1 + p_2 = p' \Leftrightarrow m_1v_1 + m_2v_2 = (m_1 + m_2)v'$

3. 기구 및 장치

-에어 트랙
-2개의 글라이더
-포토게이터

4. 실험방법

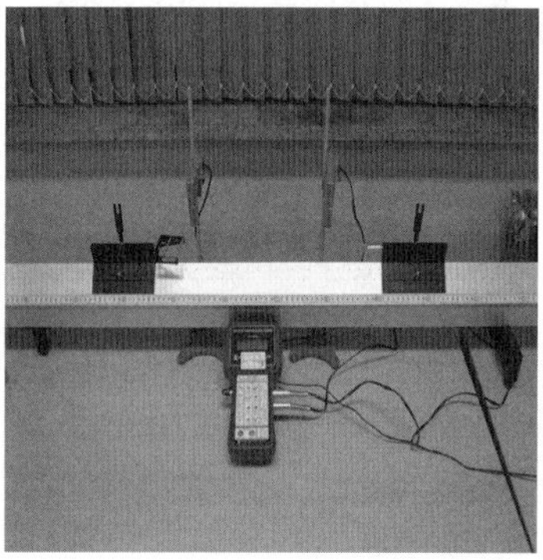

그림 4-1 Linear Air Track 실험장치 (탄성 충돌)

A. 포토게이트 타이머 : 센서를 통하여 읽어 들인 시간, 혹은 속도 카운터 등을 표시하는 본체를 말한다.
B. 포토게이트 : 포토게이트 타이머에서 사용하는 센서로 광신호의 있음/없음으로 스위치 기능을 하는 부품을 말한다.
C. 글라이더 : 에어트랙 위에서 미끄러지듯이 움직이는 활차를 글라이더라 말한다.
D. 플래그 혹은 스크린 : 글라이더 상부 중앙에 꼽아서 설치하는 판으로 포토게이트의 발광부분과 수광 부분을 가로지르게 되는 부품을 말한다.
E. 범퍼: 글라이더의 충돌 시 탄성 / 비탄성 충돌을 하기 위한 목적의 부품이다.

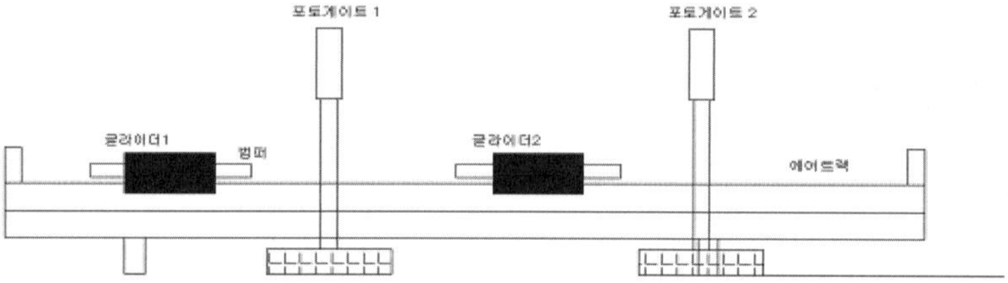

그림 4-2 Linear Air Track 실험장치 (비탄성 충돌)

(1) 에어트랙과 글라이더를 그림 4-1처럼 설치한다. 이때 각 글라이더의 범퍼는 그림처럼 충돌 시 탄성 충돌이 될 수 있는 범퍼를 이용한다. 그런 후 주의 깊게 에어트랙의 평형을 조정한다.

(2) 두 글라이더의 질량을 기록하여 표에 작성한다.
(3) 글라이더에 충돌 실험 용 플래그를 장착한다.
(4) 포토게이트 타이머를 설치하고, 측정 모드를 speed - collision 으로 설정한 후 start 버튼을 눌러 측정에 들어간다.
(5) 글라이더 2를 2대의 포토게이트 사이에 정지 상태로 위치시킨다. 글라이더 1을 가볍게 글라이더 2쪽으로 밀어 포토게이트 타이머에 나타난 속도를 기록한다. 이때 포토게이트 타이머에 나타나는 형식은 포토게이트 1에서 읽어 들인 글라이더1의 초기 속도와 충돌 후 속도가 같이 나타나며, 실험모드 버튼을 누르면 포토게이트2에서 읽어 들인 글라이더2의 충돌 후의 속도가 나타난다. 충돌 전의 속도는 정지 상태였으므로 0이 된다.
(6) 실험을 여러 번 반복하여 측정한다. 글라이더 1 혹은 2의 질량을 변경하여 실험을 반복한다. 글라이더 1 이나 글라이더 2의 초기 속도를 변경하면서 실험을 반복한다.
(7) 실험에서 글라이더 2 가 완전히 정지 상태에 있지 않기 때문에 충돌 전까지 가볍게 손을 대고 있다가 충돌 바로 전에 놓아서 실험할 수 있도록 몇 번의 연습을 행하며 실험한다.
(8) 탄성충돌에 사용된 고무줄 범퍼와 판 범퍼 대신, 비탄성 충돌이 될 수 있도록 바늘 범퍼와 고무 찰흙 범퍼를 충돌 시 서로 부딪칠 수 있도록 글라이더에 꽂고, 그림 4-2와 같이 글라이더를 위치한다. [참고] 포토게이트 타이머 사용법 중 speed-collision 모드 (Collision: 두 개의 1cm flag가 두 개의 포토게이트 센서를 통과하여 충돌하였을 때 각각의 충돌 전후의 속도를 표시해 준다. 결과 값은 측정이 끝난 후 실험모드 버튼을 눌러 확인할 수 있다. 재측정 할 때는 다시 start 버튼을 눌러 측정 중임을 의미하는 표시가 나타남을 확인한다.

Linear Air Track 결과보고서

학과(전공)________, 학번:_________, 이름:_______, 실험조:_____, 실험일시:_______

1. 측정값 및 계산

(1) 탄성 충돌

표1 : 같은 질량과 다른 속도									
m_1(kg)									
m_2(kg)									
v_1(m/s)									
v_2(m/s)									
v_1'(m/s)									
v_2'(m/s)									

표2 : 다른 질량과 다른 속도									
m_1(kg)									
m_2(kg)									
v_1(m/s)									
v_2(m/s)									
v_1'(m/s)									
v_2'(m/s)									

(2) 탄성 충돌 도표

(3) 비탄성 충돌

표1 : 같은 질량과 다른 속도									
m_1(kg)									
m_2(kg)									
v_1(m/s)									
v_2(m/s)									
$v_1{}'$(m/s)									
$v_2{}'$(m/s)									

표2 : 다른 질량과 다른 속도									
m_1(kg)									
m_2(kg)									
v_1(m/s)									
v_2(m/s)									
$v_1{}'$(m/s)									
$v_2{}'$(m/s)									

(4) 비탄성 충돌 도표

2. 측정값의 해석

3. 결과 및 토의

실험 5. 구심력 측정

1. 목 적

다양한 질량과 그리고 회전운동에 변화를 통하여 구심력을 측정하고 이해한다.

2. 이 론

어떠한 질량 m이 반경r로 평행하게 회전할 때 구심력은 다음과 같은 식으로 표현된다.

$$F = \frac{mv^2}{r} = mr\omega^2$$

여기서 v는 접선의 속도이고 ω는 각속도 이다($v = r\omega$). 접선 속도는 주기 T에 대해 다음과 같이 주어진다.

$$v = \frac{2\pi r}{T}$$

따라서 구심력 F는

$$F = \frac{4\pi^2 rm}{T^2}$$

3. 실험기구

- 회전스탠드
- 측면 추걸이 기둥
- 클램프 달린 도르래 (1EA)
- 클립
- 버니어 캘리퍼스
- 포토게이트 타이머 시스템
- 중앙 표시 기둥
- 3중 고리 달린 추(1EA), 50g 추(2EA)
- 추와 추걸이 세트
- 실
- 저울

4. 예비실험

1) 회전 스탠드의 구성

① 그림과 같이 알루미늄 트랙을 회전 스탠드의 중심축에 맞추어 끼워 넣는다

② 알루미늄 트랙의 아래부분에 있는 조임나사를 조아서 고정시킨다.

2) 회전 스탠드의 수평조절

① 알루미늄 트랙의 한쪽 끝에 300g짜리 사각질량을 얹고, 질량이 트랙위에서 미끄러지지 않도록 조임나사로 고정한다.

② 먼저 오른쪽 수평조절나사를 조절하여, 알루미늄 트랙이 왼쪽 수평조절나사의 위치와 수직으로 일치가 되도록 한다.

③ 알루미늄 트랙을 90도 회전시켜 A형 스탠드의 다리와 평행이 되도록 한 다음, 다른 한쪽 수평조절나사를 조절하여 알루미늄 트랙이 이 위치를 유지하도록 한다.

④ 이제 트랙의 수평이 조절되었다. 트랙을 살짝 움직여 회전시켜 보아라. 트랙이 일정하게 회전운동을 한다면, 수평이 조절된 상태이다.

그림 5-1 수평조절

5. 실험 방법

1) 회전반경이 달라질 때 (구심력 일정, 삼중고리 추의 질량일정)

(1) DC모타와 전원을 설치한다.

(2) Photogate를 설치한다.

(3) 삼중고리 추의 질량을 재어 표에 기록한다.

(4) 그림 5-1과 같이 삼중고리 추를 세로기둥에 매달고, 한쪽 고리는 중심기둥의 용수철에

반대쪽 고리는 회전대의 끝에 있는 도르래를 통해 질량이 정해진 추에 매단다.

(5) 세로기둥의 위치를 고정시키고, 물체를 매단 실이 세로기둥에 그어진 수직선과 일치하도록 중심기둥의 용수철 조절나사를 조정한다.

(6) 중심기둥의 지시자의 위치를 조정하여 수평표시와 일치시킨다.

(7) 추와 추걸이 도르래를 제거한다.

(8) DC 모터의 전압을 서서히 증가 시켜 중앙 표시기둥의 표시지침이 기준점에 도달하게 한다.

(9) 이때 Photogate timer를 구동시켜 각속도를 측정한다.

(10) 실을 조정하여 회전 반경 r을 조정하면서 위 과정을 반복하여 그때의 각속도를 기록한다.

(11) 추를 이용한 구심력과 위에서 구한 구심력을 비교하여라.

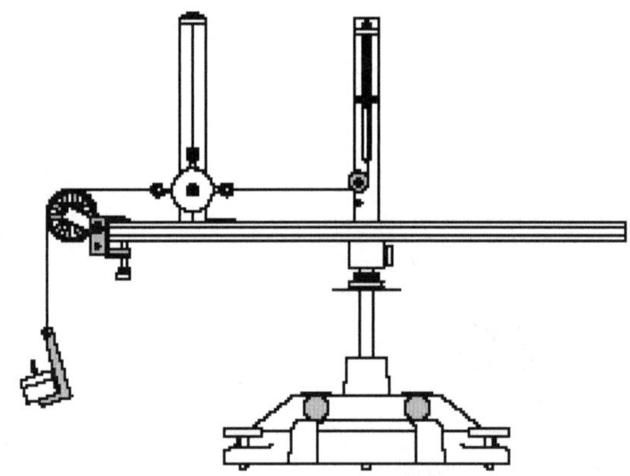

그림 5-2 구심력 측정

2) 구심력이 변할 때(회전반경 일정, 삼중고리 추 질량 일정)

(1) 실험1)의 (1)~(9) 과정을 반복한다.

(2) 물체의 위치가 추를 걸었을 때와 같으므로 추의 무게가 구심력과 같다. 추의 질량에 중력 가속도을 곱하여 구심력을 계산한다.

(3) 구심력을 변화시키기 위해서 세로기둥의 위치는 바꾸지 않은 채 회전대에 도르래를 다시 붙이고 추의 질량을 바꾸어 단 다음 위 과정을 되풀이해 그때의 각속도와 구심력을 기록한다.

(4) 추의 질량을 5회 이상 바꾸면서 실험을 되풀이 한다.

(5) 추를 이용한 구심력과 위에서 구한 구심력을 비교하여라.

3) 삼중고리 추의 질량이 변하는 경우

(1) 실험1)의 (1)~(9) 과정을 반복한다

(2) 물체의 위치가 추를 걸었을 때와 같으므로 추의 무게가 구심력과 같다. 추의 질량에 중력 가속도을 곱하여 구심력을 계산한다.
(3) 삼중고리 추의 질량을 변화 시켜 가며 위 과정을 되풀이 하여 구심력을 구하고 질량과 중력가속도로 구한 구심력을 비교 하여라.

구심력 측정 결과보고서

학과(전공) ________, 학번 _________, 이름________, 실험조_____, 실험일시 ________

1. 측정값 및 계산

1) 회전반경이 달라질 때

삼중고리 추의 질량=

추의 질량=

횟 수	반 경	각속도(ω)	$F_c=Mr\omega^2$
1			
2			
3			
4			
5			

구심력(F_c 평균)	
추를 이용한 구심력(F=mg)	
오차율(%)	

2) 구심력이 변할 때

삼중고리 추의 질량 =

회전 반경 =

횟 수	추의 질량	구심력=mg	각속도(ω)	$F_c=Mr\omega^2$
1				
2				
3				
4				
5				

구심력(F_c 평균)	
추를 이용한 구심력(F=mg 평균)	
오차율(%)	

3) 삼중고리 추의 질량이 변화할 때

추의 질량 =

회전 반경 =

횟 수	반 경	각속도(ω)	$F_c=Mr\omega^2$
1			
2			
3			
4			
5			

구심력(F_c 평균)	
추를 이용한 구심력(F=mg)	
오차율(%)	

$F_c = Mr\omega^2$

M: 삼중고리 추 질량

r: 삼중고리추와 회전축 사이의 거리(회전반경)

ω: 각속도

추를 이용한 구심력 F=mg

m: 추+추걸이 질량

g: 중력가속도 $9.81 m/s^2$

상대오차(%) : $\frac{|F-F_C|}{F}\times 100$

2. 측정값의 해석

3. 결과 및 토의

실험 6. 탄 동 진 자

1. 목적

탄동진자를 이용하여 운동량 보존 법칙, 에너지 보존 법칙을 확인하고, 이를 이용하여 탄환의 속도를 측정한다.

2. 이론

2-1. 진자에 의한 방법

초기속도 v로 운동하고 있는 질량 m인 탄환이 질량 M인 진자와 충돌한 후, 진자에 박힌 채 높이 h만큼 올라가는 장치를 탄동진자라고 부른다. 올라간 높이 h를 측정해서 박힌 탄환의 초기속도를 결정할 수 있는데, 충돌이 일어나는 동안 역학적 에너지는 보존되지 않으나, 운동량은 보존되기 때문이다. 충돌 전과 후의 운동에너지는 운동량 보존 법칙에서부터 유도되어 다음의 식이 성립된다.

$$mv = (m+M)V$$

$$v = \frac{(m+M)}{m}V \tag{1}$$

충돌 후에는 역학적 에너지가 보존되며, 진자가 높이 h에 위치했을 때의 운동에너지는 위치에너지 $(m+M)gh$로 전환되므로,

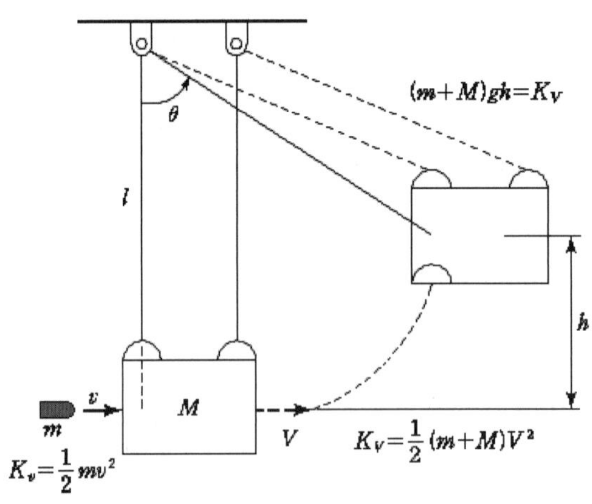

그림 6-1 탄동진자

$$\frac{1}{2}(m+M)V^2 = (m+M)gh$$

$$V = \sqrt{2gh} \tag{2}$$

식(1)과 식(2)에 의해서

$$v = \left(\frac{m+M}{m}\right)\sqrt{2gh} \tag{3}$$

$h = l(1-\cos\theta)$이므로, 탄환의 초기속도 v는

$$v = \left(\frac{m+M}{m}\right)\sqrt{2gl(1-\cos\theta)} \tag{4}$$

가 된다.

2-2. 사정거리에 의한 방법

초기속도 v로 운동하고 있는 질량 m인 탄환이 발사되면 포물선 운동을 한다. 포물선 운동을 수평운동과 수직운동으로 나눌 수 있는데 수평운동은 v의 등속운동이고, 수직운동은 중력가속도 g로 등가속 운동을 한다. 포물선 운동에서 탄환의 초기속도 v는

$$\text{수평이동거리}(D) = vt \tag{5}$$

$$\text{수직이동거리}(H) = \frac{1}{2}gt^2 \tag{6}$$

$$v = D\sqrt{\frac{g}{2H}} \tag{7}$$

가 된다.

3. 기구 및 장치

- 탄동진자 실험장치(베이스, 발사장치, 탄동진자, 장전봉)
- 쇠공
- 버어니어 캘리퍼스[진자에 의한 방법]
- 줄자(10m) & 먹지 & 실[사정거리법의 의한 방법]
- 무게 추(2개)
- 저울

4. 실험 방법

4-1. 진자에 의한 방법

(1) 장전봉을 이용하여 발사장치의 발사강도를 가장 약하게 장전하고, 쇠공을 넣는다.

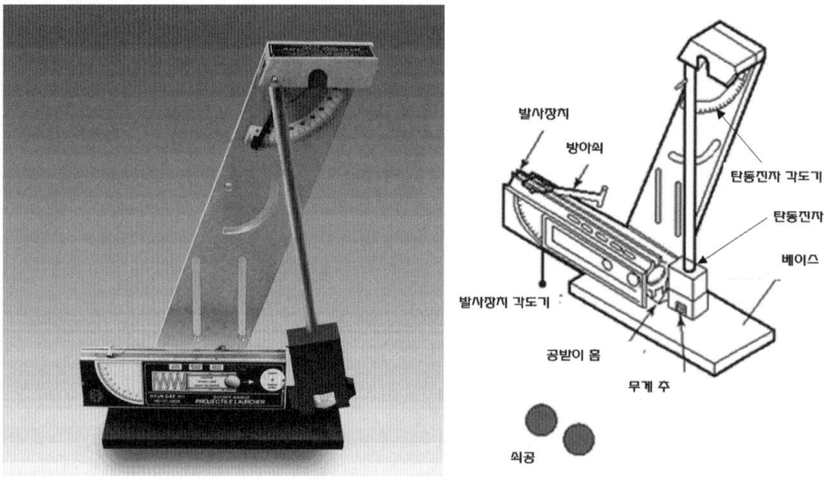

그림 6-2 탄동진자 실험장치

(2) 탄동진자를 발사장치 총구 정면에 흔들리지 않게 둔 후, 탄동진자 각도기를 0으로 맞춘다.
(3) 방아쇠를 당겨 발사를 한 후, 이때의 각도를 기록한다.
(4) 위의 (1) ~ (3)의 과정을 10번 반복한다.
(5) 탄동진자를 분리하여 질량중심까지의 길이 l을 측정한다.

[주의] 쇠공을 넣은 채로 길량중심까지의 길이를 측정한다.
탄동진자의 조임나사 위치를 일정하게 유지한 채로 실험한다.
질량중심까지의 거리 l을 측정하는 방법을 논의해 봅시다.

(6) 무게추를 이용하여 탄동진자의 질량을 2번 변화시킨 후, 위 과정을 반복한다.
(7) 발사강도를 달리하여 위 (1) ~ (8)의 과정을 반복한다.

4-2. 사정거리에 의한 방법

(1) 장전봉을 이용하여 발사장치의 발사강도를 가장 약하게 장전하고, 쇠공을 넣는다.
(2) 공을 수평으로 발사하여 실험실 바닥에 떨어지게 하고, 그 곳에 흰 종이를 고정시키고 그 위를 먹지로 덮는다.
(3) 발사를 10번 되풀이한다.
(4) 발사총구에 연직추를 달아 실험실 바닥에 기준점을 표시하고, 이 점으로부터 총구까지의 높이와 도달지점까지의 거리를 측정한다.
(5) 발사강도를 달리하여 위 (1) ~ (4)의 과정을 반복한다.

단동진자 결과보고서

______학과(전공), 학번__________, 이름_______, 실험조______, 실험일시___________

1. 측정값 및 계산

진자법 또는 사정거리법에 의해 탄환(쇠공)의 초기속도(v)을 구하고, 발사강도별 초기속도은 무게추의 질량 등에 상관없이 일정한지를 확인한다.

1-1. 진자에 의한 방법

1-1-1. 발사강도 1단

쇠공의 질량(m) = ________(g) 진자의 질량(M) = _________(g)

진자의 길이(l) = 무게추 0개의 경우 _______(cm), 무게추 1개의 경우 ________(cm)

무게추 2개의 경우 _______(cm)

① 무게추 0개의 경우

실험회수	1	2	3	4	5	6	7	8	9	10	평균값
$\theta°$											
$h(cm)$											

$$h = l(1 - \cos\theta)$$

$$v = \left(\frac{m+M}{m}\right)\sqrt{2gh} = \_\_\_\_\_\_\_\_\_\_ (cm/s)$$

① 무게추 1개의 경우

실험회수	1	2	3	4	5	6	7	8	9	10	평균값
$\theta°$											
$h(cm)$											

$$v = \left(\frac{m+M}{m}\right)\sqrt{2gh} = \_\_\_\_\_\_\_\_\_\_ (cm/s)$$

① 무게추 2개의 경우

실험회수	1	2	3	4	5	6	7	8	9	10	평균값
$\theta°$											
$h(cm)$											

$$v = \left(\frac{m+M}{m}\right)\sqrt{2gh} = \_\_\_\_\_\_\_\_\_\_ (cm/s)$$

1-1-2. 발사강도 2단

쇠공의 질량(m) = ________(g)　　　진자의 질량(M) = ________(g)

진자의 길이(l) = 무게추 0개의 경우 _______(cm), 무게추 1개의 경우 ________(cm)

무게추 2개의 경우 _______(cm)

① 무게추 0개의 경우

실험회수	1	2	3	4	5	6	7	8	9	10	평균값
$\theta°$											
$h(cm)$											

$$h = l(1 - \cos\theta)$$

$$v = \left(\frac{m+M}{m}\right)\sqrt{2gh} = \underline{\qquad\qquad} \ (cm/s)$$

① 무게추 1개의 경우

실험회수	1	2	3	4	5	6	7	8	9	10	평균값
$\theta°$											
$h(cm)$											

$$v = \left(\frac{m+M}{m}\right)\sqrt{2gh} = \underline{\qquad\qquad} \ (cm/s)$$

① 무게추 2개의 경우

실험회수	1	2	3	4	5	6	7	8	9	10	평균값
$\theta°$											
$h(cm)$											

$$v = \left(\frac{m+M}{m}\right)\sqrt{2gh} = \underline{\qquad\qquad} \ (cm/s)$$

***참고사항**

무게추 0개의 경우 진자의 길이(l) : 27.5 (cm)

무게추 2개의 경우 진자의 길이(l) : 29.5 (cm)

1-2. 사정거리에 의한 방법

1-2-1. 발사강도 1단

실험회수	1	2	3	4	5	6	7	8	9	10	평균값
$D(cm)$											
$H(cm)$											

$$v = D\sqrt{\frac{g}{2H}} = \_\_\_\_\_\_\_\_\_\_ (cm/s)$$

1-2-2. 발사강도 2단

실험회수	1	2	3	4	5	6	7	8	9	10	평균값
$D(cm)$											
$H(cm)$											

$$v = D\sqrt{\frac{g}{2H}} = \_\_\_\_\_\_\_\_\_\_ (cm/s)$$

2. 결과 및 토의

실험 7. 관성모멘트 측정

1. 목적

회전축에 대한 관성모멘트를 실험적으로 측정하고 이론적 계산과 비교한다.

2. 이론

강체가 어떤 회전축을 중심으로 회전할 때의 관성모멘트를 I라고 하면 이 때의 회전운동 에너지 KE는

$$KE = \frac{1}{2} I\omega^2 \tag{1}$$

으로 주어진다. 여기서 ω는 각속도이다. 특별한 대칭을 갖는 물체에 대한 관성모멘트는 아래 표와 같다.

외형	관성모멘트	물체의 모양과 회전축 (질량 M)
고체실린더	$\frac{1}{2}Mr^2$	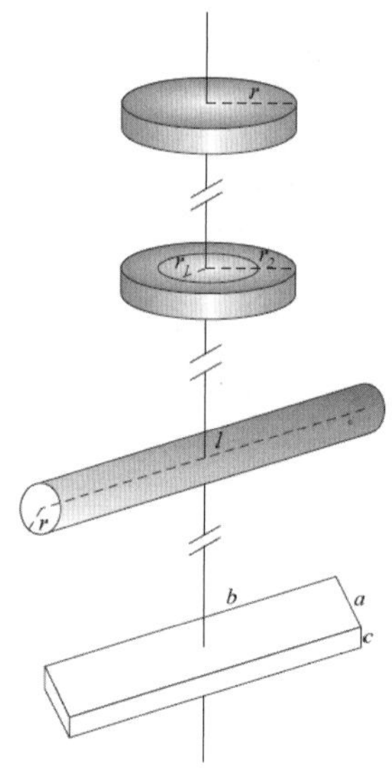
속이 빈 실린더	$\frac{1}{2}M(r_1^2 + r_2^2)$	
둥근막대	$M\left(\frac{r^2}{4} + \frac{l^2}{12}\right)$	
네모난 막대	$M\left(\frac{a^2}{12} + \frac{b^2}{12}\right)$	

그림 7-1 여러 가지 대칭모양의 관성모멘트

그림 7-1에서와 같이 회전축 OO'에 대한 관성모멘트가 I_1인 물체(A)의 밑둥(반경 r)에 줄

을 감고 도르래를 통하여 질량 m 인 물체에 연결하여 운동을 시킨다. 이 때 이 물체들의 운동에너지와 위치에너지의 합은 일정하므로

$$-m_1gh+\frac{1}{2}m_1\nu_1^{\ 2}+\frac{1}{2}I_1\omega_1^{\ 2}\ =0 \tag{2}$$

이다. 이 때 위치에너지는 $h=0$ 일 때 0으로 잡았다. 낙하하는 물체 m_1의 운동은 등가속 낙하운동이므로 시각 t_1일 때를 $t=0$으로 잡으면)의 속도는

$$\nu_1=\frac{2h}{t_1} \tag{3}$$

로 주어진다.

식 (3)을 식 (2)에 대입하면, $\omega_1=\dfrac{\nu_1}{r}$이므로

$$m_1\,g=\frac{2m_1h}{t_1^{\ 2}}+\frac{2I_1h}{t_1^{\ 2}r^2} \tag{4}$$

를 얻고, 이식으로부터 I_1을 다음과 같이 계산할 수 있다.

$$I_1=m_1r^2\left(\frac{g\,t_1^{\ 2}}{2h}-1\right) \tag{5}$$

원통형 물체 (B)를 A위에 올려 놓으면, B의 관성모멘트를 I_2, 낙하 물체의 질량을 m_2라고 할 때, 앞에서와 같은 방식으로,

$$I_1+I_2=m_2r^2\left(\frac{g\,t_2^{\ 2}}{2h}-1\right) \tag{6}$$

을 얻게 된다. 즉 A의 반경 r, 추의 낙하거리 h와 질량 m, 낙하시간 t를 측정하게 되면 I과 I_1+I_2 를 계산할 수 있어 I_2를 알아 낼 수 있다.

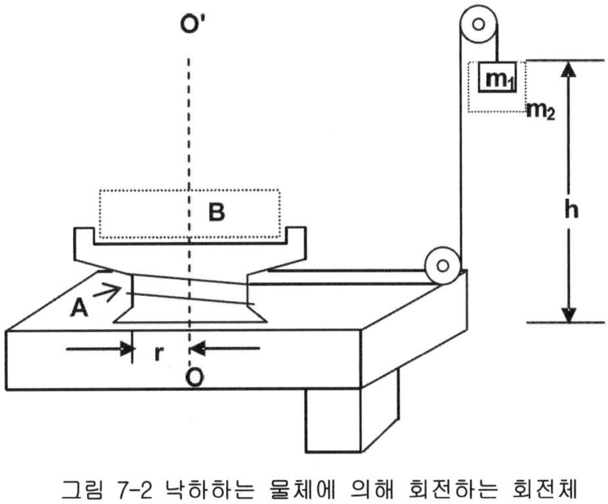

그림 7-2 낙하하는 물체에 의해 회전하는 회전체

3. 기구 및 장치

- 관성모멘트 측정장치
  · 회전대 : 상하베어링 부착, 미세하게 작동
- 관성모멘트 측정 시료
  · 고체 실린더 : 직경 250 mm, 질량 약 2.24 kg
  · 속이 빈 실린더 : 내경 220 mm, 질량 약 2.17 kg
  · 둥근 막대 : 직경 40 mm, 길이 249 mm, 질량 약 2.17 kg
  · 사각 막대 : 폭 54.5 mm, 길이 249 mm, 질량 약 2.18 kg
- 지지대 고정 클램프
- 도르래 고정 클램프
- 고리달린 추 100g, 200g
- 수준기

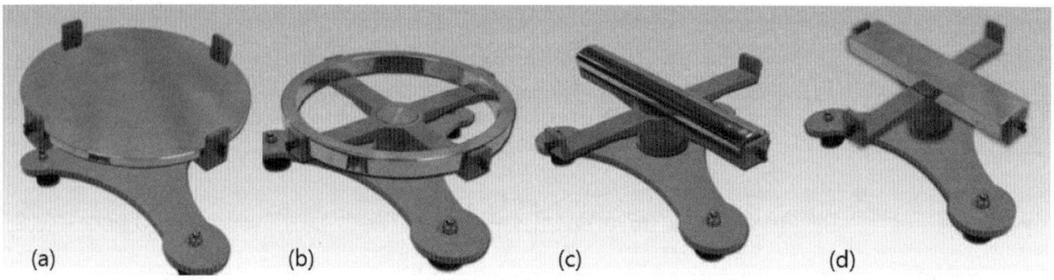

그림 7-3 (a)고체실린더, (b)속이 빈 실린더, (C)둥근 막대, (d) 사각 막대

4. 실험 방법

(1) 관성모멘트 측정장치의 회전대 위에 수준기를 올려놓고 회전체를 돌려가면서 수평을 조절한다.(장치의 바닥에 있는 두 개의 수평조절 나사 이용)

(2) 버니어캘리퍼를 사용하여 회전대의 밑둥 반경 r을 측정하고, 관성모멘트 측정시료의 외형을 측정한다. (예로 들면, 고체 실린더의 경우에는 시료의 반지름만 측정하면 된다)

(3) 4m 정도 길이의 줄을 사용하여 회전대의 밑둥 부분에 1m 조금 넘게 감은 후, 추를 연결한다. 떨어지는 거리가 1m 정도 되게 조정한다(그림 7-4 참조). 이때 사용한 추의 질량(m)을 결과표에 기록한다.

(4) 추를 낙하 시키면 회전체가 회전하기 시작한다. 추가 낙하하기 시작하는 위치에서부터 실험자가 정한 위치까지 떨어지는 동안의 시간 t와. 낙하거리 h를 측정한다.(매번 같은 위치에서 낙하하도록 한다.) 이 과정을 5번 반복 하여 평균 낙하시간을 구한다.

(5) 이상의 실험으로 회전대의 관성모멘트 I_1을 산출해 낸다.

(6) 회전대 위에 관성모멘트 측정시료를 올려놓고, 시료가 움직이지 않도록 조임나사를 조인다.

(7) (4)의 과정을 반복 실험하여 회전대와 관성모멘트 측정 시료의 관성모멘트(I_1+I_2)를 산출해 낸다. 결과로부터 측정시료만의 관성모멘트 I_2를 구한다.

(8) 실험에 사용한 측정 시료의 관성모멘트 이론값을 계산하고, 과정 (7)에서 구한 결과값을 비교한다.

(9) 측정시료를 바꾸어 이상의 과정을 반복 실험한다.

그림 7-4 고체실린더의 관성모멘트 측정

관성모멘트 측정 결과보고서

______학과(전공), 학번__________, 이름_______, 실험조______, 실험일시____________

1. 측정값 및 계산

1) 관성모멘트 측정장치 회전대의 관성 모멘트 I_1

낙하거리 (h)	cm	추 질량 (m)		g	회전반경 (r)	cm
횟수	1	2	3	4	5	평균
낙하시간(t)						
회전대의 관성모멘트 I_1						gcm^2

2) 고체 실린더의 관성 모멘트 I_2

낙하거리 (h)	cm	추 질량 (m)		g	회전반경 (r)	cm
횟수	1	2	3	4	5	평균
낙하시간(t)						
고체 실린더의 반지름 r_c		cm	고체 실린더의 질량 M			g
회전대와 시료의 관성모멘트 I_1+I_2						gcm^2
시료의 관성모멘트 I_2 (실험값)						gcm^2
시료의 관성모멘트 I_2 (이론값)						gcm^2
상대 오차 (%)						%

고체 실린더의 관성모멘트 (이론값) : $I_2 = \frac{1}{2} M r_c^{\,2}$

3) 속이 빈 실린더의 관성 모멘트 I_2

낙하거리 (h)	cm	추 질량 (m)		g	회전반경 (r)	cm
횟수	1	2	3	4	5	평균
낙하시간(t)						
속이 빈 실린더의 내반경 r_1		cm	속이 빈 실린더의 질량 M			g
속이 빈 실린더의 외반경 r_2		cm				
회전대와 시료의 관성모멘트 I_1+I_2						gcm^2
시료의 관성모멘트 I_2 (실험값)						gcm^2
시료의 관성모멘트 I_2 (이론값)						gcm^2
상대 오차 (%)						%

속이 빈 실린더의 관성모멘트 (이론값) : $I_2 = \frac{1}{2}M\left(r_1^{\ 2} + r_2^{\ 2}\right)$

4) 둥근 막대의 관성 모멘트 I_2

낙하거리 (h)	cm	추 질량 (m)	g	회전반경 (r)	cm	
횟수	1	2	3	4	5	평균
낙하시간(t)						
둥근 막대의 반경 r_c	cm	둥근 막대의 질량 M	g			
둥근 막대의 길이 l	cm					
회전대와 시료의 관성모멘트 $I_1 + I_2$						gcm^2
시료의 관성모멘트 I_2 (실험값)						gcm^2
시료의 관성모멘트 I_2 (이론값)						gcm^2
상대 오차 (%)						%

둥근 막대의 관성모멘트 (이론값) : $I_2 = \frac{1}{12}M\left(3r_c^{\ 2} + l^{\ 2}\right)$

5) 사각 막대의 관성 모멘트 I_2

낙하거리 (h)	cm	추 질량 (m)	g	회전반경 (r)	cm	
횟수	1	2	3	4	5	평균
낙하시간(t)						
사각 막대의 폭 a	cm	사각 막대의 질량 M	g			
사각 막대의 길이 b	cm					
회전대와 시료의 관성모멘트 $I_1 + I_2$						gcm^2
시료의 관성모멘트 I_2 (실험값)						gcm^2
시료의 관성모멘트 I_2 (이론값)						gcm^2
상대 오차 (%)						%

둥근 막대의 관성모멘트 (이론값) : $I_2 = \frac{1}{12}M\left(a^2 + b^{\ 2}\right)$

2. 결과 및 토의

3장 빛과 물성

실험 8. 고체의 선팽창계수 측정

1. 목적

선팽창 측정창치를 이용하여 금속 막대의 선팽창 계수를 측정한다.

2. 이론

2-1. 직선 도선에서의 자기장

일반적으로 고체 막대의 길이는 온도에 따라 늘어난다. 적당한 온도 범위내에서 온도에 따른 길이 변화량 Δl은 온도의 변화 ΔT에 비례하며 원래의 막대길이 l에도 비례하므로 Δl은 비례상수 α를 도입하며

$$\Delta l \; = \alpha l \Delta T \tag{1}$$

로 쓸 수 있다. 이와 같이 정의된 비례상수 α를 그 물질의 선팽창계수라 한다. α의 온도 의존성은 아주 작지만 유한한 온도 구간에서의 평균 선팽창계수인 α를 쓰기도 한다. 대부분의 금속은 대략 $\sim 10^{-5}$/K정도의 α값을 갖는다. 액체와 기체의 경우 선팽창계수 대신에 부피 팽창계수 β가 많이 쓰이며, 이것은

$$\beta \; = \frac{\Delta V}{V \Delta T} \tag{2}$$

와 같이 정의되며 여기서 ΔV, V, ΔT는 각각 온도변화에 따른 부피의 변화량, 원래의 부피, 그리고 온도 변화량을 의미한다. 고체의 경우 그 물질의 선팽창계수가 α라면 $\beta \approx 3\alpha$가 되며 그 온도의 의존성은 아주 작음이 알려져 있다.

3. 기구 및 장치

- 선팽창계수 측정 장치
- 시료 금속 막대(3종)
- 비이커
- 증기발생장치
- 온도계

4. 실험 방법

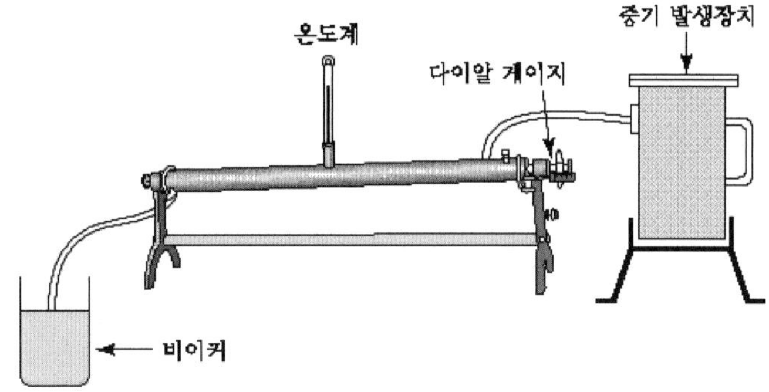

그림 8-1 고체의 선팽창계수 측정 실험장치

(1) 상온에서의 고체 시료 길이(l)를 줄자로 측정한다.

(2) 시료를 선팽창 측정 장치에 장치한 후 온도계를 꽂고 상온 T_1을 측정한다.

(3) 다이알 게이지의 눈금을 0으로 맞춘다.

(4) 가열기의 물을 2/3정도 되도록 채우고 그 뚜껑은 고무마개로 꼭 닫아둔다.

(5) 가열기에 있는 고무 호스를 시료가 들어있는 관에 연결하고 아래 부분에는 비커를 대어 물이 흐르지 않도록 한다.

(6) 가열기의 코드를 꽂고 온도가 90~95℃가 되게 충분히 가열한 후 다이알 게이지를 사용하여 금속 막대가 늘어난 길이 Δl을 측정한다. 이때의 온도 T_2를 측정한다.

(7) Δl을 측정한 후 온도계, 금속막대, 관을 물로 식힌다.

(8) 실험과정 (1)~(7)을 다시 반복하여 한 시료에 대해 2번 측정한다.

(9) 다른 시료에 대해서도 실험과정 1)~8)을 반복한다.

[주의] 연결호스는 수증기가 잘 흐르게 꺾이지 않도록 한다.
가열기는 매우 뜨겁기 때문에 장갑을 끼고 다루어야 한다.
온도계를 반드시 시료에 접촉되도록 하여 온도를 측정한다.

고체의 선팽창계수 측정 결과보고서

_____학과(전공), 학번_________, 이름______, 실험조_____, 실험일시__________

1. 측정값 및 계산

(1) 시료막대 __________

막대길이 l = __________(mm)

횟수	온도(℃)			$\Delta l(mm)$	$l\Delta T$	α
	T_1	T_2	ΔT			
1						
2						
					평균	

(1) 시료막대 __________

막대길이 l = __________(mm)

횟수	온도(℃)			$\Delta l(mm)$	$l\Delta T$	α
	T_1	T_2	ΔT			
1						
2						
					평균	

(1) 시료막대 __________

막대길이 l = __________(mm)

횟수	온도(℃)			$\Delta l(mm)$	$l\Delta T$	α
	T_1	T_2	ΔT			
1						
2						
					평균	

2. 결과 및 토의

4장 소리와 파동

실험 9. 줄의 파형 발생 실험

1. 목적

도르래와 질량 추를 이용하여 줄에 장력을 만들어 주고 모터의 전압을 조절하여 진동수를 변화시켜 주며 정상파를 관찰한다.

2. 기본 원리

양쪽 끝이 고정된 줄(String)을 진동시키면 줄을 따라 진동수와 진폭이 같은 두 파동이 양 끝에서 반사되어 서로 반대방향으로 진행하게 된다. 이러한 파동은 일반적인 간섭법칙에 따라 결합하는데 어떤 조건(공명) 하에서는 정상진동의 형태인 정상파(Standing Wave)가 생긴다. 즉, 기본주파수 또는 그 정수배로 줄을 진동시키면 줄 내에서 정상파가 형성되고 이때 높은 주파수를 배음(harmonics)이라 부른다.

그림 1 과 같이 질량 선밀도 m인 줄에 장력 T가 작용하고 있을 때 속도 v 로 진행하는 정상(stationary) 펄스가 있다고 가정하면, 펄스의 미소부분에 대해 수평성분의 힘은 0 이 되고 수직성분의 힘은 복원력 F 로 나타날 것이다.

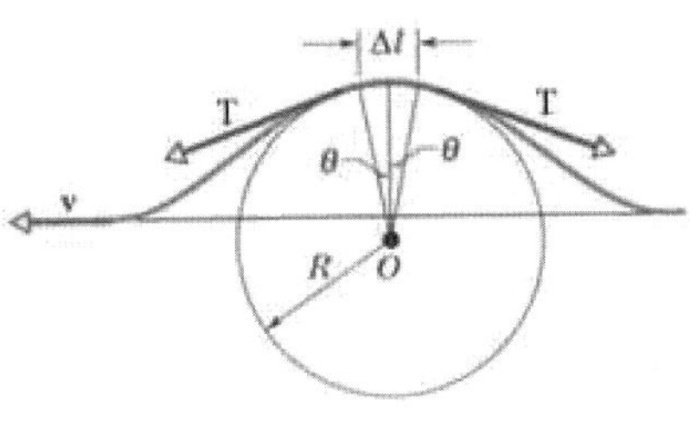

그림 9-1 파동의 전파모양

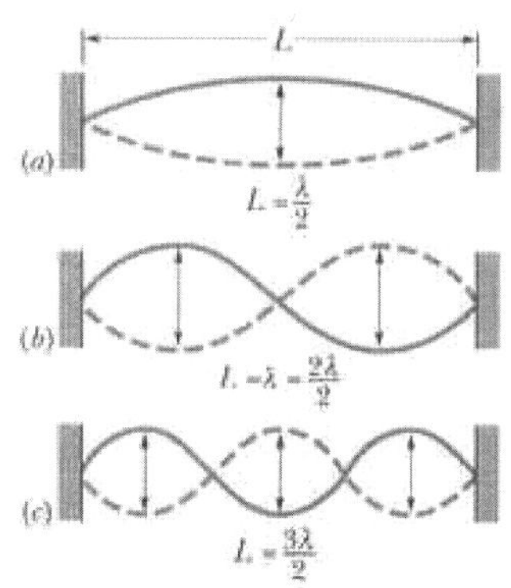

그림 9-2 줄의 진동모드

$$F = 2T\sin\theta \approx T(2\theta) = T(\frac{\Delta l}{R})$$

$$\Delta m = \mu \Delta l, \ a = \frac{v^2}{R}$$

이므로 뉴턴의 제 2법칙 F = ma 에 의해 $T(\frac{\Delta l}{R}) = (\mu \Delta l)\frac{v^2}{R}$ 이 되고, 따라서 줄에 전달되는 횡파의 속도 v 는

$$v = \sqrt{\frac{T}{v}} \tag{1}$$

이다. 그림 2 와 같이 줄의 길이가 고정되어 있다면 정상파의 파장 λ는

$$\lambda = \frac{2L}{n} \quad (n = 1, 2, 3, \cdots) \tag{2}$$

이므로 $f = \frac{v}{\lambda}$ 관계식으로부터 고유진동수 f 는

$$f = \frac{n}{2L}\sqrt{\frac{T}{\mu}} \tag{3}$$

으로 표시되고, 식을 변형하면 질량 선밀도 μ는

$$\mu = \frac{n^2}{4f^2L^2}T \tag{4}$$

이다. 여기서 n 은 정상파의 배의 수와 같으며 n = 1일 때가 기본진동이고 n = 2, 3, ⋯ 일 때가 2 배, 3 배, ⋯진동이 된다. 만약 장력과 길이가 일정할 때 주파수를 변화시키면 주파수와 배의 수는 비례할 것이다.

3. 기구 및 장치

-클램프 달린 도르래

-클램프

-고리달린 추(10 g × 2EA, 20 g × 1EA, 50 g × 1EA, 100 g × 1EA)

-줄

-전원장치

4. 실험 방법

(1) 장비를 그림 3과 같이 설치한다. 테이블의 양끝에 테이블 클램프를 설치하고 왼쪽에는 지지대, 오른쪽에는 도르래를 설치한다.

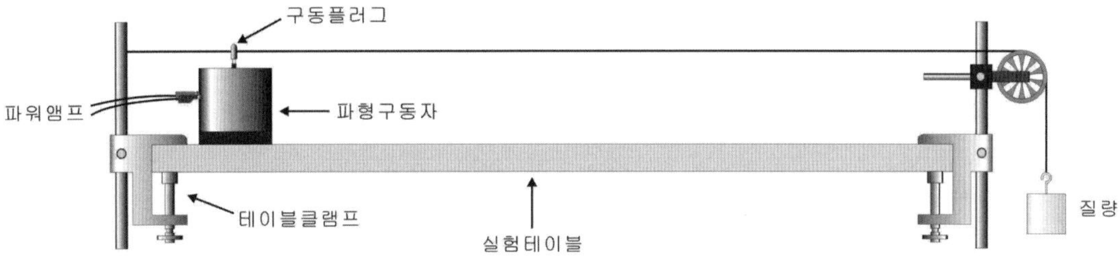

그림 9-3 줄의 파형실험장치

<주파수변화(길이와 장력 고정)에 따른 줄의 진동>

(2) 줄을 지지대에 걸고 구동플러그의 홈에 끼운다.

(3) 줄이 수평이 되도록 왼쪽 고정점과 도르래의 위치를 잘 조절한다. 자를 사용하여 줄의 왼쪽, 오른쪽 높이가 같은가를 확인한다.

(4) 함수발생기의 출력 파형은 사인 파형으로 설정하고, 전원을 켠다.

(5) 질량 100g 을 매달고 줄자로 줄의 길이(L)를 측정하고 기록한다.

(6) 주파수에 대한 줄의 진동양상을 관찰한다.

(7) 줄이 어떤 주파수에서 기본모드(중앙에 1 개의 배만 형성)로 진동하는가를 알아보기 위해 주파수를 1Hz 씩 증가시키면서 진동을 관찰한다. 진폭이 근방의 주파수에 비해 대략 최대가 되는 지점에서 0.1Hz씩 변화시켜가며 더욱 주의 깊게 관찰하여 기본진동이 될 때의 주파수를 결정한다.

(8) 주파수를 변화시키며 배진동(n=2, 3, 4)이 형성되는 주파수를 찾아내고 기록한다.

(9) 질량을 200g 로 바꾸고 위의 과정을 반복하여 실험해 보고 데이터를 기록한다.

<길이변화(주파수와 장력 고정)에 따른 줄의 진동>

(10) 신호발생기에서 주파수를 120Hz 로, 질량은 100g 으로 고정한다.

(11) 진동하는 파형구동자를 잘 잡고 줄을 따라 직선상에서 천천히 움직이며 줄의 진동양상을 관찰한다. 이때 정상파가 지지대측 줄의 진동에 의해 다시 영향을 받지 않도록 줄을 손으로 눌러준다.

(12) 기본진동을 일으킬 때의 줄의 길이를 자로 측정한다.

(13) 진폭 차이가 미소할 때 검은 종이판을 배경으로 사용하여 주의 깊게 관찰하고 n=2, 3, 4일 때, 줄의 길이를 차례로 측정하여 데이터를 기록한다.

줄의 파형 발생 실험 측정 결과 보고서

학과(전공)________, 학번:_________, 이름:_______, 실험조:_____, 실험일시:_______

1. 측정값

1) 주파수변화에 따른 줄의 진동

배진동	질 량 (g)	반파장 (m)	진동수(f) (Hz)	배진동	질 량 (g)	반파장 (m)	진동수(f) (Hz)
1	100			1	200		
2	100			2	200		
3	100			3	200		
4	100			4	200		

2)길이변화에 따른 줄의 진동

배진동	질 량 (g)	반파장 (m)	진동수(f) (Hz)
1	100		120
2	100		120
3	100		120
4	100		120

실의 선밀도 ρ=0.018 g/cm

2. 측정값 해석

3. 결과 및 토의

5장 전자기학

실험 10. 등 전 위 선

1. 목적

전기장이 형성된 도체판 위에서 전극의 형태에 따른 등전위선의 모양을 그리고 이로부터 전기장의 방향을 알아본다. 공간적으로 장이 형성되는 모양을 확장하여 생각해보고 우리가 살고 있는 실제 공간에 무수히 얽힌 전기장 및 자기장 등에 관한 관계들을 알아본다.

2. 이론

정전기학에서의 중요한 발견은 모든 전하를 띤 물체는 주변에 영향을 미치는 영역을 형성한다는 사실이다. 이 영역 안에 다른 전하가 들어오면 그 전하는 두 전하들의 부호에 따라 당기거나 밀치는 힘을 받게 된다. $+Q$ 의 전하를 가진 물체가 형성하는 힘의 장을 그려보기 위하여서는 어떤 시험 전하 $+q_0$ 가 필요하다. 힘의 장은 벡터장이기 때문에 공간의 모든 점에서 크기와 방향을 갖는다. 시험전하 q_0 로 그려낸 힘의 장의 모양이 그림 10-1(a)에 보였다. 이러한 힘의 장을 그려내는 데는 한 가지 문제가 있는데 그것은 실험에 사용된 시험전하 q_0 의 크기에 따라 달라지기 때문이다. 이러한 문제는 전기력을 그리는 대신

$$\vec{E} = \frac{\vec{F}}{q_0} \tag{1}$$

와 같이 정의되는 전기장을 그리면 해결된다. 전기장도 역시 벡터장으로서 그 크기는 점전하 Q의 경우, 다음과 같이 주어진다.

$$E = \frac{F}{q_0} = \frac{1}{4\pi\varepsilon_0}\frac{Q}{r^2} \tag{2}$$

이 때 임의의 점에서의 방향은 시험전하가 그 점에서 받게 될 힘의 방향과 같다. 즉, $+Q$에 의한 전기장의 모양은 같은 전하에 의한 힘에 의한 장의 모양과 똑같이 나타난다. 그러나 두 벡터장의 크기는 q_0배만큼 차이가 난다.

이 실험에서는 여러 가지 전극의 모양에 따라 전기장의 크기와 방향을 알아보고자 한다. 그러한 것을 쉽게 알아보는 것이 등전위선을 찾아내는 것이다. 전위란 단위 전하 당 퍼텐셜 에너지로 정의된다. 따라서 두 점간의 전위가 같다면 두 점간의 퍼텐셜 에너지의 차이가 없다는 뜻이다. 즉, 등전위면 위에서 전하를 이동시키는데 필요한 일은 0이므로, 그 면에 접한 방향에는 전기장의 값이 없다. 따라서 전기장은 그 면에 수직이다. 전기장이 일을 한다는 것은 전하가 전위의 높은 곳에서 낮은 곳으로 이동해가는 경우이므로, 전기력선은 전위의 높은 곳에서 낮은 곳으로 향한다. 전기장 E의 방향은 그 점에서 전위 V가 가장 급격히 감소하는 방향이며, 그 방향으로의 미소변위를 dl 이라 하면 $\vec{E}$와 V사이의 관계식은

$$V = -\int \vec{E} \cdot d\vec{l} \tag{3}$$

또는

$$\vec{E} = -\frac{dV}{dl}\,\hat{n} \tag{4}$$

이다. 따라서 전기장 $\vec{E}$는 벡터 량으로서 등전위선(면)에 수직이 된다. 그리고 $\hat{n}$은 등전위면(선)에 수직인 단위벡터이다.

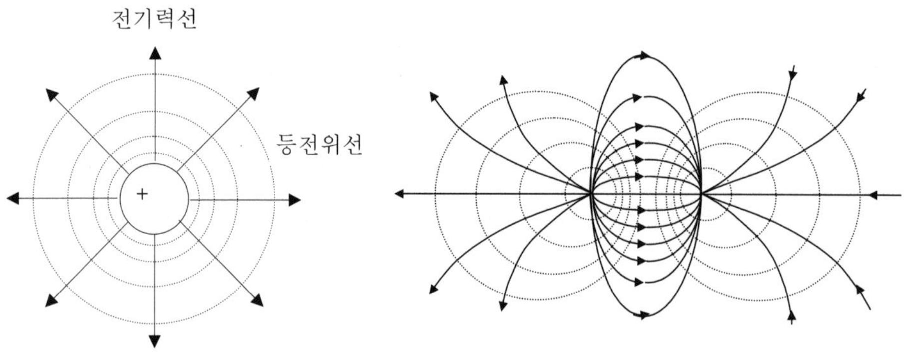

(a) (b)

그림 10-1 전기력선과 등전위선

편의상 2차원 평면에서의 실험에 대한 이론을 생각해 보자. 어느 도체 판의 두 단자를 통해서 전류를 흘릴 때, 도체 판 내에서의 전류의 유선의 방향은 전기장의 방향을 나타낸다. 이 유선에 수직인 방향에는 전류가 흐르지 않으므로 전위차도 없다. 이와 같은 점을 이은 선은 등전위선이 된다. 따라서 도체상의 두 점 사이에 전류가 흐르지 않는다면, 이 두 점은 등전위상에 있는 점이다.

3. 실험 기구

Field Mapper kit

- Conductive paper with cm grid 23 x 30cm
- Conductive ink pen
- Corkboard top 32 x 48cm & Plastic tray
- Circular template for drawing conductors
- Pushpins (10) & Connecting wire
- Voltage Sensor
- Short Patch Cords
- 850 Universal Interface
- PASCO Capstone Software

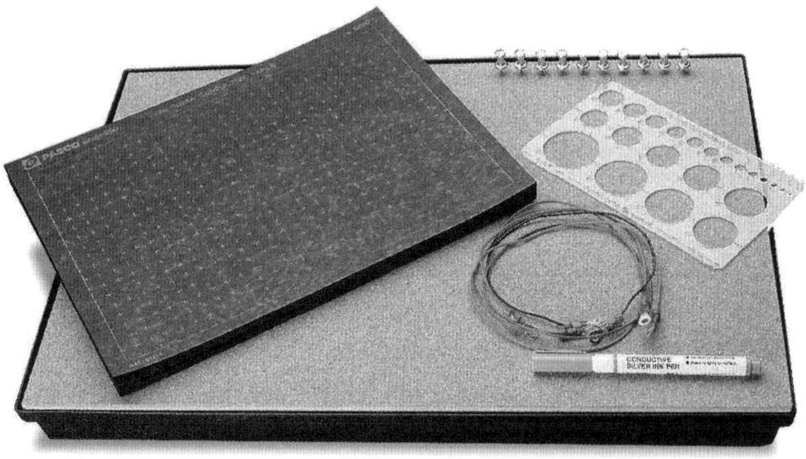

그림 10-2 등전위선 실험 세트

4. 실험 방법

4-1. 전극 스케치하기

(1) 연구할 도선의 레이아웃 (크기, 형태, 상대 간격)을 구상하고 종이 위에 그려본다. 점, 직선, 곡선, 원, 사각형 등 어떤 형태의 2차원 도형이라도 가능하다. 도선은 실제 전도성 잉크 전극이 되므로, 앞으로는 전극이라고 부르기로 한다.

* 주의 : 전도성 잉크 펜의 잉크는 20분가량 건조시켰을 때 전도도(conductivity)가 최대가 된다. 최적의 결과를 위해, 이 점을 고려하여 실험 진행 시간을 계획하도록 한다. 전도성 잉크 펜은 보관 수명이 길지 않기 때문에, 실험에 앞서 잉크 펜을 한 번 열었을 때 가능한 한 모든 종류의 전극을 미리 그려두는 것이 좋다.

(2) 검은 종이에 전극을 그린다. (**그림 10-3(a)**)

* 주의: 다음 단계 (a-e)는 실험에서 가장 어렵고 중요한 부분이다. 주의 깊게 따라 한다.

a. 격자 모양의 전도성 종이를 격자 부분이 위로 오도록 매끄럽고 단단한 표면 위에 놓는다. <u>절대로 코르크판 위에 종이를 놓고 전극을 그려서는 안 된다.</u>

b. 전도성 잉크 펜을 (뚜껑을 씌운 상태에서) 10-20초간 세게 흔들어, 잉크 안에 떠있는 입자들을 분산시킨다.

c. 뚜껑을 열고 펜의 몸통 부분을 꽉 잡은 상태에서 스프링이 들어 있는 끝부분을 메모지 위에 살짝 누른다. 잉크가 흐르기 시작하면, 천천히 종이 위에 선을 그린다. 그리는 속도와 펜에 가하는 힘에 따라 선의 굵기가 달라진다. (**그림 10-3(b)**)

d. 연습장 위에 원하는 선 모양을 그려보고 충분히 만족스럽다 싶으면, 이번에는 본격

적으로 검은색 전도성 종이의 격자 위에 전극을 그린다. 선이 얇아지거나 끊어지면, 그 위에 다시 그린다. 정확한 측정을 위해서는 선이 끊어지지 않는 것이 중요하다. (이렇게 그려진 선은 실온에서 3~5분이 지나면 마르지만, 매체의 전도도는 말리기 시작한지 20분이 지나서야 최대가 된다.)

e. Filed Mapper Kit에는 원 그리기용 플라스틱 모양자가 포함되어 있다.(**그림 10-3(c)** 참조). 전도성 종이 위에 모양자를 놓고 전도성 잉크 펜으로 원을 그린다. (먼저 부드러운 연필로 원을 그린 다음, 잉크 펜으로 연필 선을 따라 그려도 된다.)

(3) 전도성 종이의 각 모서리에 금속 압정을 꽂아 코르크판에 부착한다.

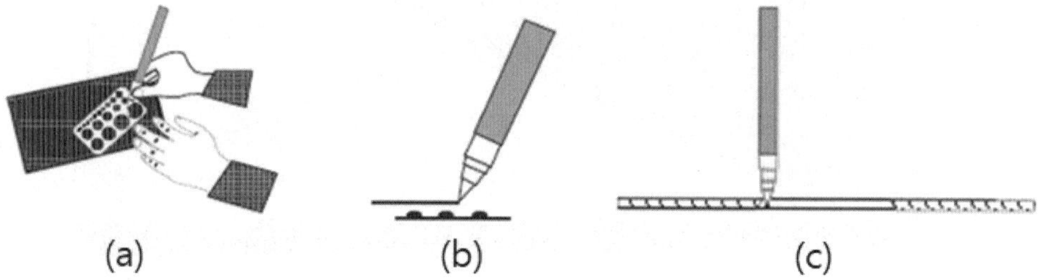

그림 10-3 (a)검은 종이 위에 전극그리기, (b)전도성 종이위에 그리기, (c)모양자로 그리기

4-2. 전원 장치 및 전압 센서 연결

(1) 전극에 금속 압정을 꽂은 다음, 악어 클립이 달린 바나나 플러그 도선을 이용하여, 850 인터페이스의 Output 1 단자에 연결한다.(**그림 10-4**) 전압 센서를 아날로그 센서 채널 A에 연결한다. Capstone 소프트웨어의 하드웨어 셋업에서 전압 센서를 설정해준다.

(2) Capstone 소프트웨어 화면 왼쪽의 신호 발생기 창을 열고, Output 1에서 파형을 DC, 전압을 9 V로 설정한 다음, Auto 버튼을 클릭한다. 신호발생기 창을 닫는다.

(3) Capstone 화면에 숫자 표시기(Digits) 또는 미터기(Meter) 디스플레이를 구성한 다음, 측정값으로 전압(Voltage)을 선택한다.

(4) Record 버튼을 누른다.

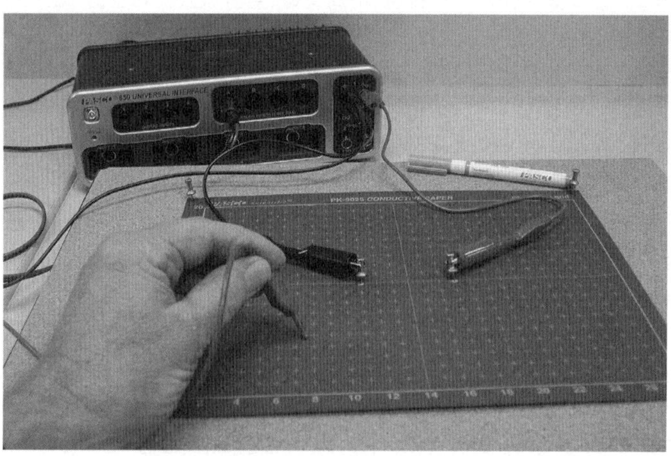

그림 10-4 신호 발생기와 전압 센서에 전극 연결하기

4-3. 등전위선 작도

* 전압 센서의 도선 중 하나를 전극 압정 중 하나에 연결하여 등전위선을 작도한다. 이 전극은 이제 기준점 역할을 한다. 전압 센서의 다른 한쪽 도선(프로브)을 종이 위 임의의 점에 가져다 놓으면 해당 지점의 전위를 측정할 수 있다.

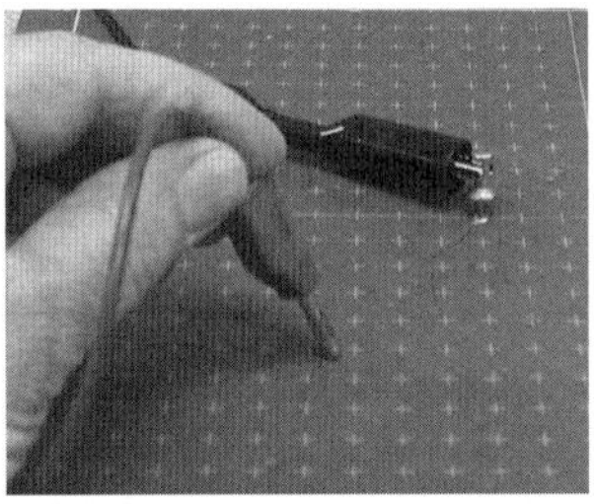

그림 10-5 전압 센서 프로브 위치

(1) 등전위선을 그리려면, 먼저 전압 센서가 원하는 전위를 가리킬 때까지 프로브를 움직인다.
(2) 연한 색의 연필로 종이 위에 해당 지점을 표시한다.
(3) 프로브를 계속 움직이되, 같은 전위가 측정되는 곳을 찾는다. 이 지점들을 계속 표시한다.
(4) 표시된 점들을 연결하여 등전위선을 그린다.

등전위선 결과보고서

______학과(전공), 학번___________, 이름_______, 실험조______, 실험일시____________

1. 측정값 및 계산

두 장의 그래프용지에 등전위선 측정 결과들을 그리고, 여러 개의 선을 사용하여 전기장 E도 간단히 그려라. 두 결과 모두 이론적으로 예상했던 대로 등전위선과 전기장 E의 방향이 수직인가?

2. 측정 및 분석

(1) 등전위선의 plotting

각각의 전극 모양에 대해 다른 그래프용지에 표시한다.

(2) 등전위선의 분석

3. 결과 및 토의

실험 11. 쿨롱의 법칙

1. 목적

평행 판 극판에 고전압을 걸고 전자저울을 사용하여 직접적으로 쿨롱의 힘을 측정하는 새로운 방식의 실험이다.
기존의 실험기기는 사용에 있어 환경이나 기술적인 어려움이 있었으나, 이 기기는 실험이 쉽고 쿨롱의 힘을 한눈에 알 수 있다.

2. 기본 원리

전하의 크기가 q_1과 q_2 이고 거리가 r만큼 떨어진 두 입자(또는 점전하) 사이에 작용하는 정전기력의 크기는 다음 식으로 주어진다.

$$F = k\frac{q_1 q_2}{r^2} \tag{1}$$

여기서 k는 상수이다. 1785년 실험을 통해 처음으로 이 식을 유도해 낸 Charles Augustus Coulomb을 기념하여 Coulomb 법칙이라고 부른다. 이 법칙은 모든 실험적인 검증을 통과하였으며 지금까지 단 하나의 예외도 발견된 적이 없다.
역사적으로 많은 다른 공식을 단순화시킬 수 있다는 이유로 식 (1)의 정전기력 상수는 보통 $\frac{1}{4\pi\varepsilon_0}$ 로 쓰고 있다. 그러면, Coulomb 법칙은 다음과 같이 써진다.

$$F = \frac{1}{4\pi\varepsilon_0}\frac{q_1 q_2}{r^2} \tag{2}$$

$$\frac{1}{4\pi\epsilon_0} = 8.99\times 10^9\, N\cdot m^2/C^2 \tag{3}$$

$$\varepsilon_0 = 8.854\times 10^{-12}\, C^2/N\cdot m^2 (F/m) \tag{4}$$

이제 축전지에 대하여 알아보자.
축전지가 대전되면 극판들은 크기가 같고 부호가 반대인 $+q$와 $-q$의 전하를 갖게 된다. 이때 축전기의 전하는 극판에서의 절대 값인 q를 뜻한다. 각각의 극판들은 도체이기 때문에 등퍼텐셜면을 유지한다. 그러나 두 극판사이에는 퍼텐셜 차가 존재한다. 축전기의 전하 q와 퍼텐셜 차 V는 서로 비례한다. 즉 다음과 같다.

$$q = CV \tag{5}$$

극판의 기하학적인 모양에 따라 결정되는 비례상수 C는 전기용량이라 부른다. 만약 축전기가 평행 판 (면적:A, 극판 간의 거리:d)이라면 전기용량은

$$C = \varepsilon_0\frac{A}{d} \tag{6}$$

이다. 실험 장치에서 고정되어 있는 위쪽 평행 판에 있는 전하 q가 아래 평행 판에 가하는 힘은

$$F = \frac{q^2}{2\varepsilon_0 A} \tag{7}$$

이고, 아래 판에 가해지는 힘은 위쪽 방향이다. 이 식에 식(5)와 (6)을 대입하면

$$F = \varepsilon_0 \frac{AV^2}{2d^2} \tag{8}$$

이다.

저울은 저울판에 올려진 물체에 작용하는 힘(일반적으로 중력)을 질량으로 측정하는 것이고 전압을 가하면 측정된 질량이 줄어드는 것을 관측할 수 있는데 이것은 Coulomb 법칙에 의한 전기력에 기인한다.

평행 판에 전압을 가하지 건에 저울에 측정된 질량이 m_0이고, 전압이 가해진 다음에 저울에 측정된 질량이 m이라면

$$(m_0 - m)g = \Delta mg = -\varepsilon_0 \frac{AV^2}{2d^2} \text{ (MKS 단위계)} \tag{9}$$

이다. 여기서 g는 중력가속도 $9.8m/s^2$이다.

$$\therefore \Delta m = -\varepsilon_0 \frac{AV^2}{2d^2 g} \tag{10}$$

여기서 이 실험에서는 지름이 각각 125 mm 와 150 mm 인 평행 판을 사용한다. 그 면적, A은 대략 다음과 같다.

$$A = 0.0123 \text{ m}^2 \text{ , } 0.0177 \text{ m}^2$$

※ 단위 환산

$$J = N\cdot m$$
$$= FV^2$$

$$N = (F/m)\cdot m^2 V^2/m^2$$
$$= F\cdot V^2/m$$
$$= J/m$$
$$= kg\cdot m/s^2$$

3. 실험 기구

- 측정용 베이스 : 마이크로미터 부착(최대 이동거리 25.5 mm)
- Kilovolt DC/AC 전원공급기(SG-7802D) : DC 0~15 kV, AC 6.3 V
- 전자저울(CAT.IB-310) : 0.01 g단위, 0.5 g~300 g
- 고압연결선 : L= 1000 mm
- 전극 판 : 지름 125 mm, 지름 150 mm

4. 실험 방법

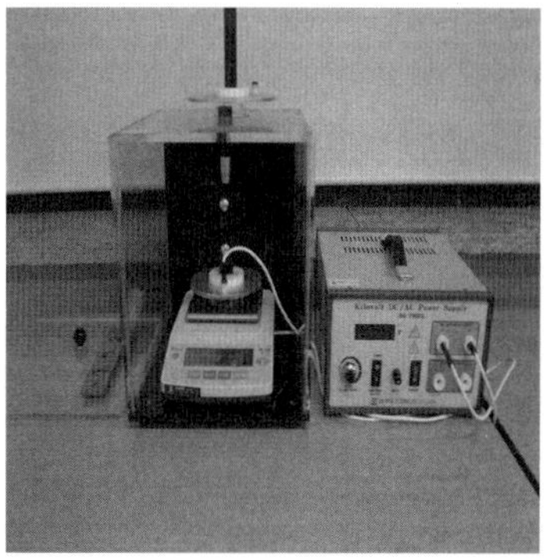

그림 11-1 쿨롱 법칙 실험 장치

(1) 먼저, 본 매뉴얼의 마지막 부분에 표기된 "사용 시 주의사항"을 필독하도록 한다.
(2) 쿨롱 법칙 실험장치의 이동지지대에 지름 125 mm 상부 전극을 연결한다.
(3) 이동지지대의 마이크로미터를 돌려 눈금이 약 15 mm가 되도록 조정한다.
(4) 디지털 저울의 전원 잭을 연결하고, 하부전극을 디지털 저울 위에 올려놓는다.(디지털 저울은 전원 잭을 사용해도 무방하지만, 배터리를 사용하기가 더 편리 하다)
(5) 디지털 저울의 수평조절나사를 사용하여 상부전극과 하부전극이 거의 맞닿도록 조절한다. 이때, 상부 전극과 하부 전극은 평행이 되어야 한다.
(6) 저울의 전원을 켜고, Zero버튼을 눌러 영점 조절을 한다.
(7) 상부 전극과 하부 전극을 전원공급기에 연결한다.(이때 전원공급기의 전원은 Off상태가 되어야 한다)
(8) 마이크로미터를 돌려 상부 전극과 하부 전극이 맞닿는 위치를 읽고 기록한다.(마이크로미터를 돌려 상부 전극을 하강시키면서 저울의 눈금을 관찰한다. 저울의 눈금이 변하기 시작하는 위치가 상부 전극과 하부 전극이 맞닿는 위치이다).
(9) 마이크로미터를 돌려 맞닿은 위치에서부터 약 10 mm정도 떨어지게 한 다음 전원공급기의 전원을 켠다.
(10) 전압을 1,000 V부터 7,000 V까지 서서히 올리면서 그 때 저울이 나타내는 값을 읽고 기록한다.(이때, 공기의 유전강도를 참고로 하여, 너무 높은 전압을 걸지 않도록 주의한다.)
(11) 두 전극 판의 간격을 변화시키면서 앞의 실험을 반복한다.
(12) 지름 150 mm의 전극 판으로 바꾸어 실험을 반복한다.

(13) 저울에서 기록한 실험값(m)과 이론값(m)을 비교하여 오차를 구한다.

5. 사용상 주의 사항

(1) 공기의 유전강도는 3 kV/mm 이므로 간격에 따라 너무 높은 전압을 가하지 않도록 주의 한다.
(2) 저울이 매우 민감하므로 반드시 수평을 먼저 잡아야 한다. 수평이 맞지 않으면 저울의 눈금이 차이가 많이 나고 이것은 오차를 크게 하는 요인이 된다.
(3) 전원에 고압이 흐르고 있으므로 취급 시 주의 한다. 극판의 수평이 맞지 않으면 간격이 좁을 때에 전기가 튀므로 주의 한다.
(4) 저울에 마이크로미터가 거꾸로 부착되어 있으므로 그 값을 읽을 시에 다음과 같이 읽는다. ⇒ **(26 mm - 읽은 눈금)** 또한 마이크로미터를 읽기 전에는 반드시 눈금 보정을 해준다.

쿨롱의 법칙 결과보고서

학과(전공) ________, 학번 ________, 이름______, 실험조____, 실험일시 ________

1. 측정값

전자저울에서 측정된 질량 ($m_{exp.}$) 의 감소량을 기록하고 계산에 의한 질량 변화량을 계산하여 오차를 구한다. *계산 값($m_{cal.}$)은 식(14)를 이용할 것

표 36-1 직경 125 mm(A=0.0123 m^2) 전극의 측정값과 계산 값.

$Voltage(kV)$	d=10 mm			d=15 mm		
	$m_{\exp.}(g)$ (실험값)	$m_{cal.}(g)$ (계산값)	σ (%오차)	$m_{\exp.}(g)$ (실험값)	$m_{cal.}(g)$ (계산값)	σ (%오차)
0						
1						
2						
3						
4						
5						
6						
7						

표 36-2 직경 150 mm (A=0.0177 m^2) 전극의 측정값과 계산 값.

$Voltage(kV)$	d=10 mm			d=15 mm		
	$m_{\exp.}(g)$ (실험값)	$m_{cal.}(g)$ (계산값)	σ (%오차)	$m_{\exp.}(g)$ (실험값)	$m_{cal.}(g)$ (계산값)	σ (%오차)
0						
1						
2						
3						
4						
5						
6						
7						

2. 그래프 그리기

앞에서 구한 결과 값을 이용하여 아래의 그림을 참고하여 그래프를 그리시오.

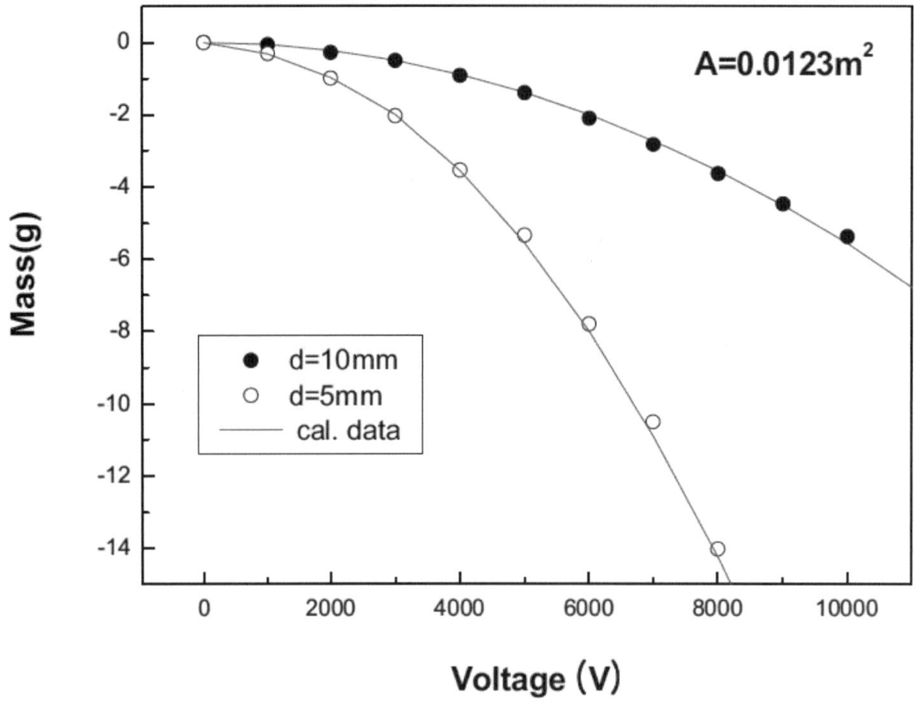

그림 11-2. 직경 125mm 전극의 전압변화에 따른 질량 변화

3. 결과 및 토의

실험 12. 미지저항측정

1. 목적

한 물질의 전도도(또는 비저항)는 그 물질의 전기적 성질에 관하여 매우 중요한 정보를 제공한다. 이를 실험적으로 결정하기 위하여 먼저 저항을 정확하고 정밀하게 측정하여야 한다. 이를 위하여 휘스톤 브리지 (Wheatstone Bridge)가 종종 사용된다. 본 실험에서는 휘스톤 브리지의 구조와 사용법을 익히고, 미지 저항체의 전기 저항을 측정한다.

2. 기본 원리

다음 그림은 휘스톤 브리지의 간단한 회로이다.

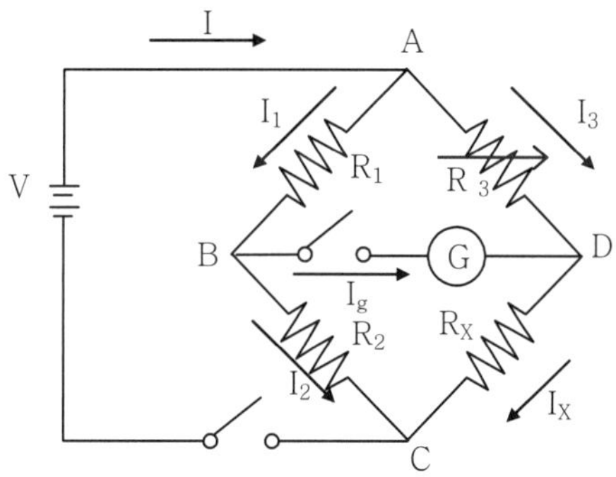

그림 12-1 휘스톤브릿지

휘스톤 브리지 가 평형을 이루어 검류계에 전류가 흐르지 않는다면, 다음 조건을 만족하여야 한다.

$$R_1 I_1 = R_3 I_3 \tag{1}$$

$$R_2 I_2 = R_x I_x \tag{2}$$

그리고 $I_g = 0$ 이므로 $I_1 = I_2$, $I_3 = I_x$ 이다.
그러므로 식 (1)은

$$R_1 I_2 = R_3 I_x \tag{3}$$

으로 쓸 수 있다.
식(2)를 식(3)으로 나누면

$$\frac{R_2}{R_1} = \frac{R_x}{R_3} \tag{4}$$

또는

$$R_x = \frac{R_2}{R_1} R_3 \tag{5}$$

가 된다.

그러므로 미지저항 R_x는 R_1, R_2, R_3를 측정함으로써 계산될 수 있다.

먼저 $\frac{R_2}{R_1}$ 에 대하여 알아보자.

다음 그림은 길이 L, 단면적 A인 저항선을 나타낸다.

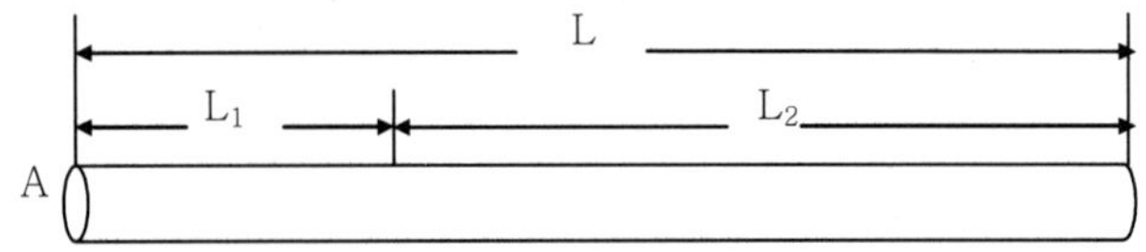

그림 12-2 저항선

저항은 면적에 반비례하고 길이에 비례하므로

$$R = \rho \frac{L}{A} \qquad (\rho \text{ : 비저항}) \tag{6}$$

를 만족한다.

길이 L_1인 저항 R_1과 길이 L_2인 저항 R_2인 경우는 다음과 같다.

$$R_1 = \rho \frac{L_1}{A}, \qquad R_2 = \rho \frac{L_2}{A} \tag{7}$$

그러므로

$$\frac{R_2}{R_1} = \frac{L_2}{L_1} \tag{8}$$

이다.

3. 실험 기구

- 휘스톤 브리지 시스템
- 검류계

4. 실험 방법

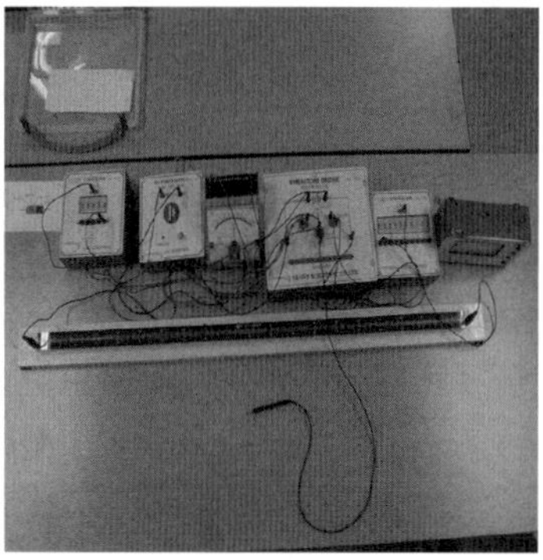

그림 12-3 미지저항 실험세트

(1) 미지 저항의 저항 값을 읽고 기록한다.

(2) 직류 전원의 스위치가 열린 상태에서 미지저항 1개를 포함한 회로를 완성하여 아래 그림과 같이 실험장치 한다.

(3) 전류가 흐르는 방향을 감안하여 측정 리드선을 좌우로 조금씩 이동하면서, 검류계에 전류가 흐르지 않는 위치를 찾는다. (검류계에 과도한 전류가 흐르지 않도록 주의한다.)

(4) 검류계에 전류가 흐르지 않으면(바늘이 0에 위치할 때), L_1 과 L_2 를 측정, 기록한다.

(5) 기지 저항의 R 을 바꾸어서 (3)을 반복한다.

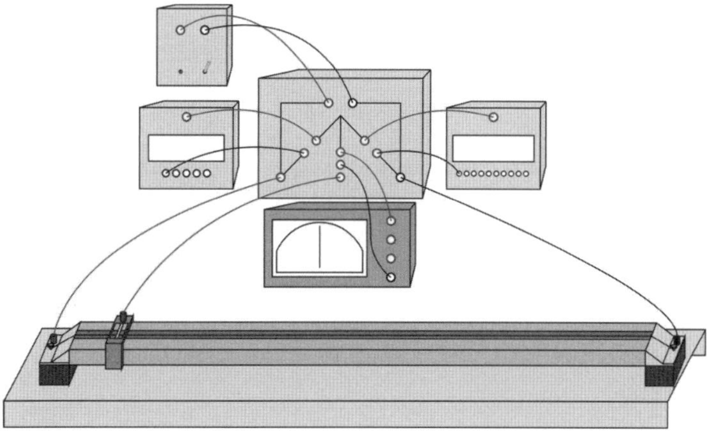

그림 12-4 휘스톤 브리지 구성도

5. 사용상 주의 사항

검류계에 과도한 전류가 흐르지 않도록 주의한다.

미지저항 측정 결과보고서

학과(전공) ________, 학번 _________, 이름_________, 실험조_____, 실험일시_________

1. 측정값

미지저항		R_a	R_b	R_c
색 코드 값(참값)				
1회	R_3(기지저항)			
	L_1			
	L_2			
	R_x			
2회	R_3(기지저항)			
	L_1			
	L_2			
	R_x			
3회	R_3(기지저항)			
	L_1			
	L_2			
	R_x			
R_x 의 평균				
미지저항과 R_x 의 평균과의 %오차				

2.실험값 계산

도선의 저항은 그 길이에 비례함을 이용하여 $\frac{R_2}{R_1} = \frac{L_2}{L_1}$임을 알 수 있다. 따라서 미지저항 값을 $R_x = R_3\frac{L_2}{L_1}$식으로 구할 수 있다.

3. 결과 및 토의

실험 13. Ohm의 법칙

1. 목적

Ohm의 법칙으로 널리 알려진 세 변수(저항, 전압, 전류)의 수학적 관계에 대하여 조사해 본다.

2. 실험 기구

- 회로실험보드
- 연결선
- 저항시료
- 배터리
- 멀티미터
- 그래프용지

그림 13-1 옴의법칙 실험키트

3. 실험 방법

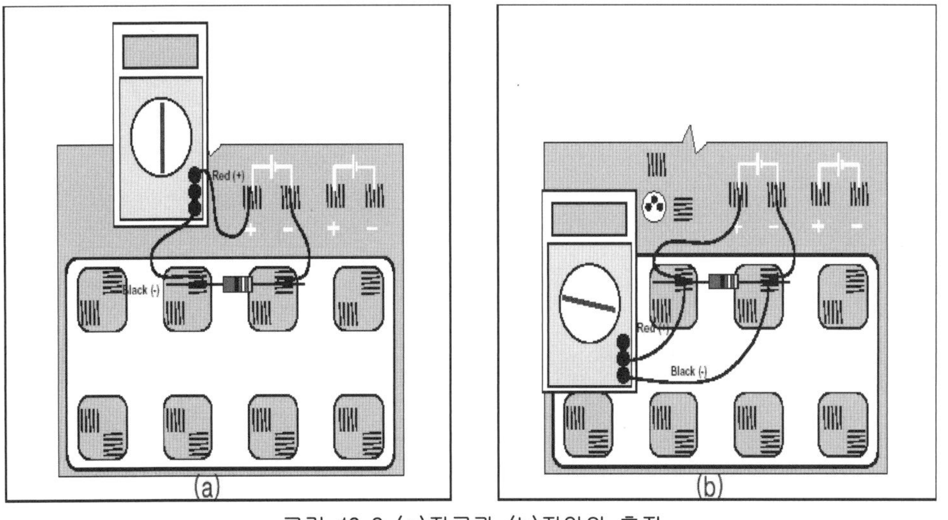

그림 13-2 (a)전류과 (b)전압의 측정

(1) 저항 하나를 선택하여 색 코드(그림 13-3)를 이용하여 저항 값을 읽고, 표 13-1에 기록하여라.

(2) **전류측정** : 저항을 실험 판 위의 두 스프링에 끼워 그림 13-2(a)와 같은 회로를 구성하여라.

(3) 멀티미터를 200 mA Range로 설정하고, 전류측정에 필요한 연결을 적어둔다. 회로를 연결하고 저항을 통해서 흐르는 전류를 읽어라. 이 값을 표 13-1의 두 번째 칸에 기록하여라.

(4) 저항을 바꾸어가며 과정 (1)-(3)을 반복 실험하여라.(제공된 저항들을 종류별로 모두 바꿔가며 실험하여라.)

(5) **전압측정** : 멀티미터를 제거하고, 연결선을 사용하여 그림 13-2(b)와 같이 배터리의 +극과 처음 실험한 저항을 연결하여라. 멀티미터를 2V DC 스케일로 설정하고, 그림 13-2(b)와 같이 연결하여라. 저항에 걸리는 전압을 측정하고 표 13-1에 기록하여라.

(6) 저항을 바꾸어 가며 위의 실험을 반복하여라. (제공된 저항들을 종류별로 모두 바꿔가며 실험하여라)

참 고

색	숫자
검정	0
갈색	1
빨강	2
주황	3
노랑	4
초록	5
파랑	6
보라	7
회색	8
흰색	9

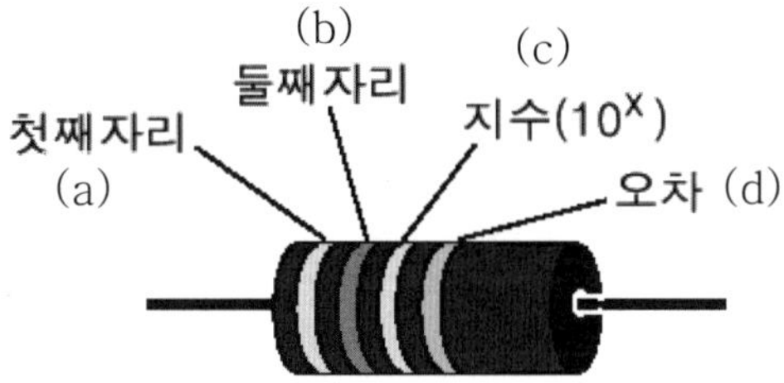

네번째 띠(오차)	
무색	±20%
은색	±10%
금색	±5%
빨강	±2%

$$ab \times 10^c \pm d\%$$

그림 13-3 저항 표

Ohm의 법칙 결과보고서

학과(전공) ________, 학번 ________, 이름________, 실험조_____, 실험일시 ________

1. 측정값

1)전압/저항의 값을 계산 한 후 측정한 전류 값과 비교하여라.

표 13-1 측정값

횟수	저항(Ω)	전압(V)	전류(A)	전압/전류	%오차
1					
2					
3					
4					
5					

2)측정값으로부터 저항(X축)과 전류(Y축) 그래프를 그려라

2. 토의

① 그래프로부터 알 수 있는 저항과 전류의 수학적 관계는 무엇인가?

② Ohm의 법칙은 전류는 전압 대 저항의 비와 같다는 것이다. 실험결과가 Ohm의 법칙을 만족하는가?

③ 이 실험에서 실험오차를 발생시킬 수 있는 요인은 무엇인가?

실험 14. 키르히호프의 법칙

1. 목적

키르히호프의 법칙에 대해서 실험해 본다.

2. 기본 원리

여러 개의 전기 저항과 전원이 연결된 복잡한 회로에서 각 부분을 흐르는 전류와 전압사이에는 다음과 같은 키르히호프의 법칙이 성립한다.

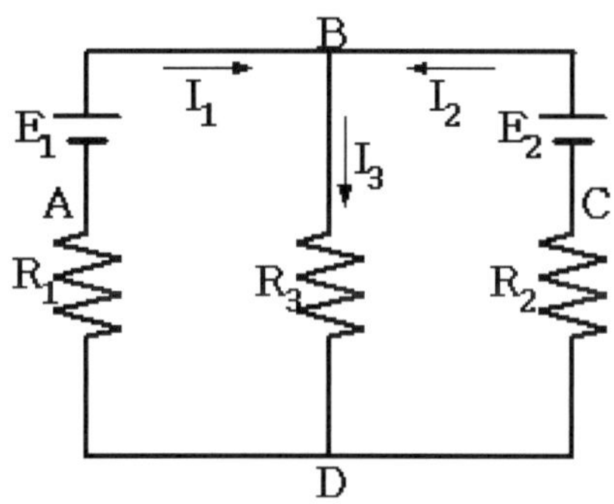

그림 14-1 기본 회로도

제 1법칙 : 전류가 흐르고 있는 여러 개의 회로가 한 점에서 만날 때 이 점에 흘러들어오는 전류의 총 합은 그 점에서 나가는 전류의 총 합과 같다.

그림14-1에서 B점으로 들어오는 전류는 I_1, I_2이고, 흘러 나가는 전류는 I_3이므로 이들 사이에는 다음과 같은 관계가 성립한다.

$$I_1 + I_2 = I_3 \quad (1)$$

이것은 전기 회로에서 전류가 흐를 때 전하가 보존됨을 나타낸다.

제 2법칙 : 임의의 닫힌회로에서 그 회로에 있는 전지의 기전력의 대수합은 그 회로에 있는 저항에 의한 전압강하의 대수합과 같다.

그림13-1의 전기회로는 두개의 닫힌회로로 나누어 생각할 수 있다. 두개의 회로는 다음과 같은 관계가 성립한다.

닫힌회로 ABDA에서

$$E_1 = I_1R_1 + I_3R_3 \quad (2)$$

닫힌회로 CBDC에서

$$E_2 = I_2R_2 + I_3R_3 \tag{3}$$

이것은 전기회로에서 전지의 기전력이 공급한 에너지와 저항에서 소비한 에너지는 서로 같아야 한다는 것을 의미한다.

폐회로 내에서 모든 기전력 E의 대수적인 합은 동일한 폐회로 내의 모든 저항에서의 전압강하(IR)의 대수적인 합과 같다. 즉,

$$\sum E_i = \sum I_i R_i \tag{4}$$

이다. 이는 에너지 보존의 법칙에 해당한다.

3. 실험 기구

- 회로실험보드
- 배터리
- 연결선
- 멀티미터
- 저항시료

4. 실험 방법

(1) 10Ω저항을 제외한 저항을 사용하여 그림 14-2(a)에서와 같이 회로를 연결하여라(그림 14-2(b) 의 회로도를 참고하여 14-2(a)와 같이 연결하여라). 배터리를 연결하지 않은 상태에서 회로내의 각 저항 값을(R_1 ~ R_5) 측정하여 표 14-1에 기록하여라.

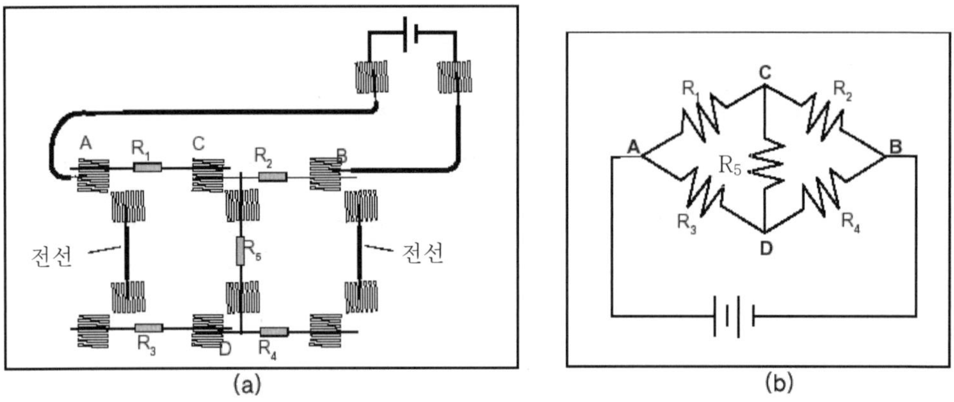

그림 14-2 실험 회로도

(2) 배터리를 연결하여 전류가 흐르도록 한 후, 각 저항에 걸리는 전압을 측정하여 표 14-1에 기록하여라. 그림 14-2(b)의 회로도에 각 저항의 +극단자에 "+"표시를 하여라.

(3) 전류를 측정하고자 하는 저항의 한쪽을 끊고 멀티미터를 직렬 연결하여, 각 저항에 흐르는 전류를 측정하여라. 각각의 전류뿐만 아니라 회로 전체의 전류(I_T)도 기록하여야 한다.

키르히호프의 법칙 결과보고서

학과(전공) ________, 학번 _________, 이름_________, 실험조_____, 실험일시________

1. 측정값

저항(Ω)	전압(V)	전류(mA)
$\mathbf{R_1}$	$\mathbf{V_1}$	$\mathbf{I_1}$
$\mathbf{R_2}$	$\mathbf{V_2}$	$\mathbf{I_2}$
$\mathbf{R_3}$	$\mathbf{V_3}$	$\mathbf{I_3}$
$\mathbf{R_4}$	$\mathbf{V_4}$	$\mathbf{I_4}$
$\mathbf{R_5}$	$\mathbf{V_5}$	$\mathbf{I_5}$
$\mathbf{R_T}$	$\mathbf{V_T}$	$\mathbf{I_T}$

표 14- 1 실험 값

1)회로의 각각의 4접점에서 들어오고 나가는 알짜전류를 결정하여라.

2)인접한 고리 6개중 적어도 3개 주위의 알짜전압강하를 결정하여라. 만약 전위가 올라간다면 전압강하를 +로 취급하고, 전위가 내려간다면 -로 취급하여라.

2. 결과 및 토 의

실험 결과를 키르히호프의 법칙에 따라 구성한 회로의 분석에 사용하여라. 키르히호프의 법칙에 대한 결론을 확실히 인지하여라.

실험 15. 축전기 회로

1. 목적

축전기의 충전, 방전 될 때의 시간에 따른 전류 전압의 변화를 그래프를 이용하여 분석하여 본다. 또한 저항 값과 축전기의 용량을 변화시켜가며 측정하고 이에 따르는 축전기의 시상수에 대해 알아보도록 한다.

2. 기본 원리

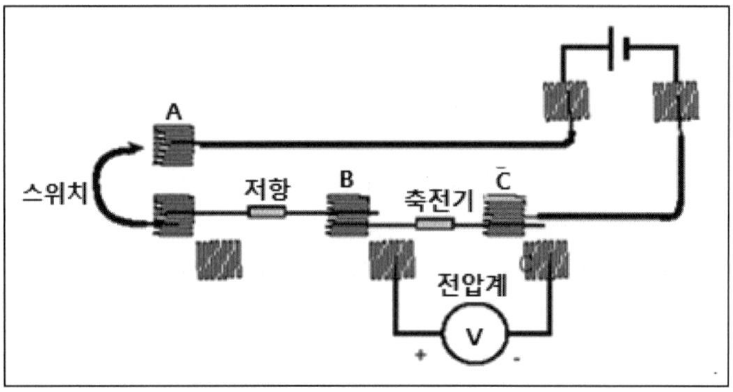

그림 15-1 실험 회로도

스위치를 A에 연결하면 충전이 되고, C에 연결하면 방전 실험을 할 수 있다.
스위치를 A에 연결하고 충전 실험을 할 때 전류와 전압의 변화를 알아보자. 그림 15-1에서 키르히호프 법칙에 의하여 다음의 식을 얻을 수 있다.

$$E - iR - \frac{q}{C} = 0 \tag{1}$$

여기서 $\frac{q}{C}$ 는 축전기의 전압이다.
식 (1)은 다음과 같이 다시 쓸 수 있다.

$$iR + \frac{q}{C} = E \tag{2}$$

그리고 $i = \frac{dq}{dt}$ 이므로 식 (2)는 다음과 같다.

$$R\frac{dq}{dt} + \frac{q}{C} - E = 0 \tag{3}$$

이것은 축전기의 충전 시 만족하는 미분 방정식이다.
또한 식 (3)을 만족하는 해는 다음과 같다.

$$q(t) = CE(1 - e^{-t/RC}) \tag{4}$$

여기서 초기 조건이 $t = 0$ 일 때 $q = 0$ 이라고 하면, 식 (4)에 의해 전류는 다음과 같이 쓸 수 있다.

$$i(t) = \frac{dq}{dt} = \frac{E}{R}e^{-t/RC} \tag{5}$$

한편 축전기에 걸리는 전압 V_C 는 식(4)에 의해서

$$V_C = \frac{q}{C} = E(1-e^{-t/RC}) \tag{6}$$

이 되며, 저항에 걸리는 전압(V_R)은

$$V_R = iR = Ee^{-t/RC} \tag{7}$$

이 된다.

그러므로 축전기에 걸리는 전압 V_C 와 회로에 흐르는 전류를 시간의 변화에 따라 측정함으로써 축전기에 충전되는 전하량 $q(t)$ 를 알아볼 수 있다.

식 (6)과 식 (7)에 의한 V_C 와 V_R 의 그래프는 다음과 같다.

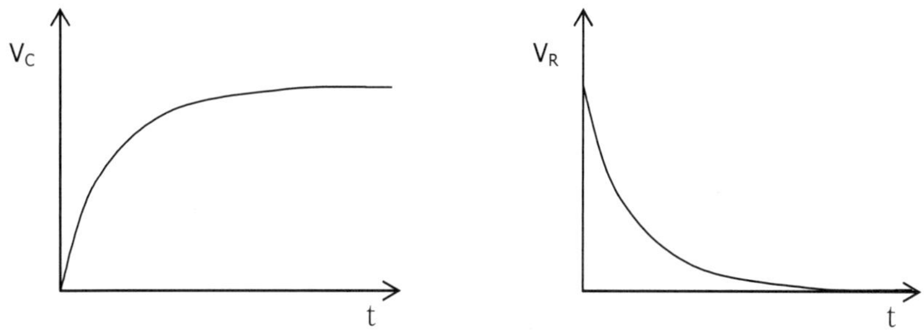

그림 15-2 충전 시 시간에 따른 전압의 변화

식 (4)와 (5)에서 지수 (e)는 단위가 없어야 하므로, RC는 시간의 단위를 가져야 한다. 그러므로 이것을 **시 상수 (time constant)**라고 하며, τ로 표시한다. 이것은 식 (4)에 의하면 평형 상태의 전하량의 63 %로 충전 될 때의 시간과 같다.

$$q = CE(1-e^{-1}) = 0.63CE$$

RC회로에서 전압 E를 공급 하였을 때, 식 (5)에 의해 초기 전류가 E/R로 저항을 통하여 흐르다가 점차 축전기에 전하가 충전되면서 축전기의 전압이 증가하고 이에 반해 전류 값은 감소하게 된다.

또한 저항에 걸리는 전압도 축전기 전압이 증가함에 따라 점차 감소하게 된다.

초기에는 전류 값과 전압 값이 급격히 변화하다가 시간이 흐를수록 서서히 변화하게 된다. 시간의 변화에 따른 축전기의 전압과 회로에 흐르는 전류를 측정하면 이를 확인 할 수 있다.

이번에는 스위치를 C로 위치 시켜 축전기 방전 시의 전류, 전압의 변화를 알아보자.

키르히호프의 법칙에 의해

$$R\frac{dq}{dt} + \frac{q}{C} = 0 \tag{8}$$

이고, 이에 해당하는 해는

$$q(t) = q_0 e^{t/RC} \quad (q_0 = CE) \tag{9}$$

이다.

여기서 시 상수 (time constant)는 충전 시와 같은 내용이며, $t = RC$ 일 때에는 축전기의 전하는 CEe^{-1} 로 감소되고 이는 초기 충전 전하량의 37%에 해당하는 양이다. 방전되는 동안의 전류의 변화는

$$i(t) = \frac{dq}{dt} = -\frac{E}{R} e^{-t/RC} = -i_0 e^{-t/RC} \tag{10}$$

이다.

2. 실험 기구

- 회로실험보드
- 배터리
- 연결선
- 멀티미터(입력 임피던스 10MΩ이상)
- 축전기, 저항시료
- 초시계

3. 실험 방법

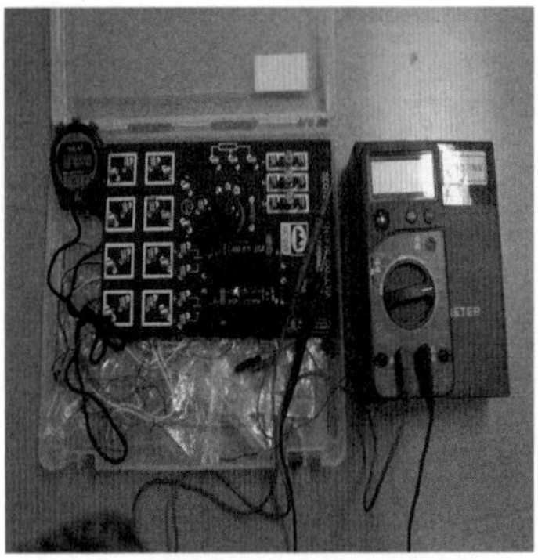

그림 15-3 축전기 회로 실험 키트

(1) 100 kΩ저항과 100 μF축전기를 사용하여 그림 15-1과 같은 회로를 구성하여라. 그림에서 보는 것처럼 트랜지스터 소켓중의 하나를 스위치로 사용하여라. 멀티미터의 검은색 접지단자를 배터리의 단자 쪽으로 연결된 축전지의 한쪽에 연결하고, 멀티미터를 최대 1.5 V DC를 읽을 수 있도록 설정하여라.

(2) 축전기와 스위치에서부터 회로까지 전압이 걸리지 않도록 하여 실험을 시작한다. 만약 축전기에 전압이 남아 있다면, 연결선으로 축전기의 양쪽단자에 연결하여 남아있는 전하를 방전시켜라. (방전하려면 그림 15-1 에서와 같이 연결선의 양쪽 끝을 점 B와 점 C에 갖다 대어라.).

(3) 연결선을 스프링에 꽂음으로써 스위치를 닫아라. 축전기에 연결된 멀티미터에 나타나는 전압을 주시하여라. 전압 변화의 방식을 설명할 수 있겠는가?

(4) 만약 스프링으로부터 연결선을 제거하여 스위치를 열었다면, 축전지는 시간이 지남에

따라 현재 전압에서 아주 서서히 떨어질 것이다. 이것은 축전기의 두 판에 충전된 전하들이 초기상태로 되돌아 갈 방법이 없다는 것을 가리킨다.

(5) 연결선을 회로의 점 A와 C를 연결하여 저항을 통해서 전하가 방전될 수 있도록 하여라. 전하가 빠져나갈 때 멀티미터에 나타나는 전압을 주시하여라. 전압이 떨어지는 방법에 대해서 설명할 수 있겠는가? (시간이 지남에 따라 전압이 올라가는 방식과 떨어지는 방식을 그래프로 그려라.)

(6) 저항을 통한 축전기의 충전, 방전과정을 이해할 때까지 (3)-(5)의 과정을 반복하여라.

(7) 이제 전압이 0.0 V에서 0.95 V까지 충전되는 동안의 시간 (t_C)과 1.5 V에서 0.55 V까지 방전될 때까지의 시간 (t_D)을 기록하며 위의 (3)-(5)의 과정을 반복하여라. 이상의 시간과 저항, 축전기 값을 표 15-1에 기록하여라. 100μF축전기를 330μF축전기로 바꾸고, 충전, 방전 시간을 표 29.1에 기록하면서 과정⑦을 반복하여라. 세 번째 축전기도 가능하다면 표 15-1에 기록하여라.

(8) 다시 100 μF축전기를 연결하고, 220 KΩ저항을 회로에 연결하여라. 표 15-1에 데이터를 기록하면서 과정 (7)을 반복하여라. 세 번째 저항도 가능하다면 회로에 연결하여 표 15-1에 기록하여라.

(9) 다시 처음처럼 100 kΩ저항을 연결하고 100 μF축전기와 330 μF축전기를 직렬로 연결하여 사용하여 과정 (7)을 반복하여라. 그 결과를 표 15-2에 기록하여라.

(10) 100 μF축전기와 330 μF축전기를 병렬로 연결하여 과정 (7)을 반복하여라.

축전기회로 결과보고서

학과(전공) ________, 학번 ________, 이름_______, 실험조_____, 실험일시_________

1. 측정값

표 15-1 측정값

회수	저항	축전기	t_C	t_D
1	110 kΩ	100 μF		
2	110 kΩ	330 μF		
3	220 kΩ	100 μF		
4	220 kΩ	330 μF		

표 15-2 회로연결에 따른 측정값

회로종류	t_C	t_D
직렬연결		
병렬연결		

$\mathbf{R}$ = $\mathbf{C_1}$ = $\mathbf{C_2}$ =

2. 그래프

충전시간과 방전시간에 대한 전압의 변화를 x축은 시간, y축은 전압으로 하여 그래프를 그리시오.

3. 결과 및 토의

※축전기가 직렬 또는 병렬로 연결되었을 때 총 전기용량에 어떤 영향을 미치는가?

※축전기가 커짐에 따라 충/방전 시간에 어떤 영향을 미치는가?
전기용량과 시간 사이에 존재하는 수학적 관계는 무엇인가?

※저항이 커짐에 따라 충/방전 시간에 어떤 영향을 미치는가? 시간과 저항 사이에 존재하는 수학적 관계는 무엇인가?

실험 16. 자기이력곡선

1. 목적

강자성 물체에 자기장을 가하여 가해준 자기유도의 함수로 자화강도(Magnetization)를 측정하여 자기이력곡선을 그린다.

2. 기본 원리

한 물질 내의 분자적 자기 모멘트들이 외부의 자기장에 의해서(또는 자발적으로), 어느 한 방향으로 정렬되는 정도는 자화강도(Magnetization) $\overrightarrow{M}$이라 부르는 벡터 량으로 기술된다. 작은 체적 V내에서 각 분자들의 자기모멘트를 m이라 하면, 그 내에 있는 총 자기모멘트는 벡터 합 $\sum \overrightarrow{m}$이다. 따라서 자화강도 $\overrightarrow{M}$은

$$\overrightarrow{M} = \frac{\sum \overrightarrow{m}}{V} \tag{1}$$

로 정의된다. 즉, 단위체적당에 대한 자기모멘트가 된다.

한 물질 내의 자화강도 $\overrightarrow{M}$은 자기강도 $\overrightarrow{H}$와 그 물질의 성질에 의존된다. 즉,

$$\overrightarrow{M} = \chi_m \overrightarrow{H} \tag{2}$$

여기서 χ_m을 자화율이라 부른다. 이 값에 따라 상자성체 ($\chi_m > 0$), 반자성체 ($\chi_m < 0$), 강자성체 ($\chi_m \gg 1$)로 나눌 수 있다. 투자율 μ와는 $\mu = \mu_0(\chi_m + 1)$의 관계가 있고, $\overrightarrow{B} = \mu \overrightarrow{H}$로 된다.

강자성체(철, 니켈, 코발트 등의 합금 체)는 외부 자기장 $\overrightarrow{H}$에 의해서 대단히 큰 자화강도 $\overrightarrow{M}$을 유발시킨다. 이것은 일차 함수적으로 변화하지 않으며, 그 자성체의 과거의 자기적 역사에 의존된다. 즉 χ_m과 과거의 역사에 따라 변화됨을 의미한다. 이런 현상을 자기이력이라 하며, 자화강도 $\overrightarrow{M}$와 자기강도 $\overrightarrow{H}$로, 또는 자성체의 자속 밀도 $\overrightarrow{B}$와 자기강도 $\overrightarrow{H}$로 표시되는 곡선을 자기 이력 곡선이라 한다.

그림 16-1은 식 (2)에 의한 자기이력곡선의 그래프를 표시한다. $\overrightarrow{H}$를 서서히 증가해감으로써, $\overrightarrow{M}$은 oab의 길을 따라 증가하여 포화상태로 된다. 다시 $\overrightarrow{H}$를 서서히 감소해가면 $\overrightarrow{M}$은 이전의 값을 갖는 것이 아니고, bc의 길을 따라 감소한다. $\overrightarrow{H}$가 0이 되어도 oc의 크기에 해당하는 자화강도가 남아 있게 된다. 다시 $\overrightarrow{H}$를 반대방향으로 증가하면 cde의 길을 밟아 반대로 포화상태로 된다. 다시 $\overrightarrow{H}$를 감소시키면 자기이력곡선을 얻는다.

자성체의 총 자기모멘트 $\overrightarrow{M_0}$를 측정하는 방법으로는 자침과 지자기의 수평 분력을 이용해서 측정할 수 있다. 즉, 임의의 점 P에 자침을 놓으면, 자기자오면에서 정지한다. 이 때 자침의 방향과 직각방향, 즉 그림 16-2와 같이 동서쪽 방향으로 임의의 자기모멘트 $\overrightarrow{M_0}$인 막대자석 S를 C의 위치에 놓는다. 이때 자침은 자오면 방향에서 각도 θ로 회전한다.

이 때 막대자석의 자기모멘트 $\overrightarrow{M_0}$는 다음과 같다.

$$M_0 = B_h \frac{2\pi}{\mu_o} X^3 \tan\theta \tag{3}$$

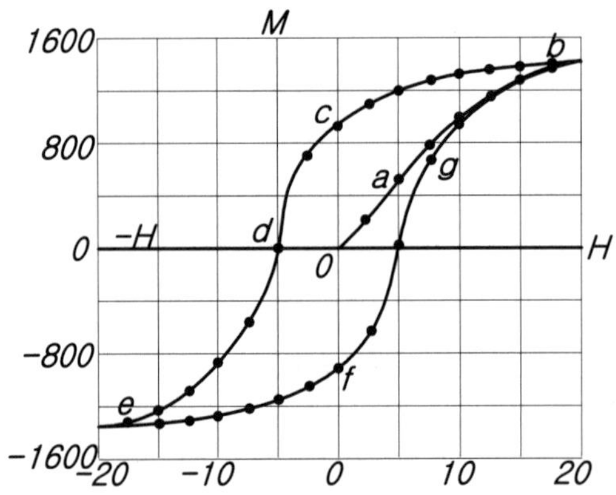

그림 16-1 자기이력곡선

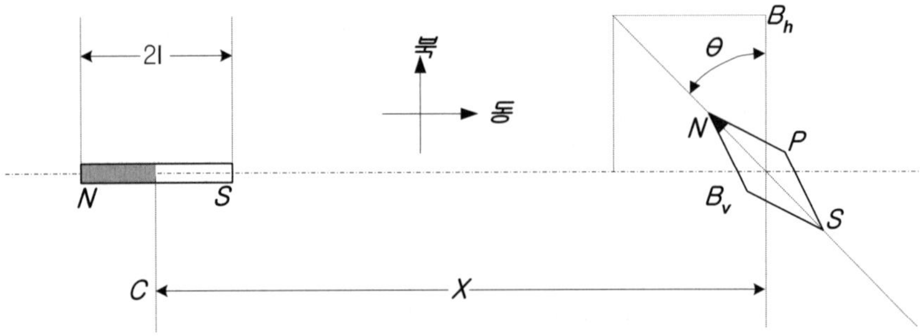

그림 16-2 자기모멘트의 측정배치도

여기서 B_h 는 실험지점의 지자기의 수평성분이고, θ 는 막대자석에 의해서 편이된 각이다. X 는 자침과 막대자석의 중심까지의 거리이다. 막대자석의 부피를 V 라 하면, 이 자석의 평균 자화강도 M 은 식 (1)에 의해서 다음과 같다.

$$M = \frac{2\pi B_h}{V\mu_0} X^3 \tan\theta \tag{4}$$

3. 실험 기구

- 자력계
- 전원장치
- 직류전류계
- 솔레노이드코일 (2)
- 가변저항기

4. 실험 방법

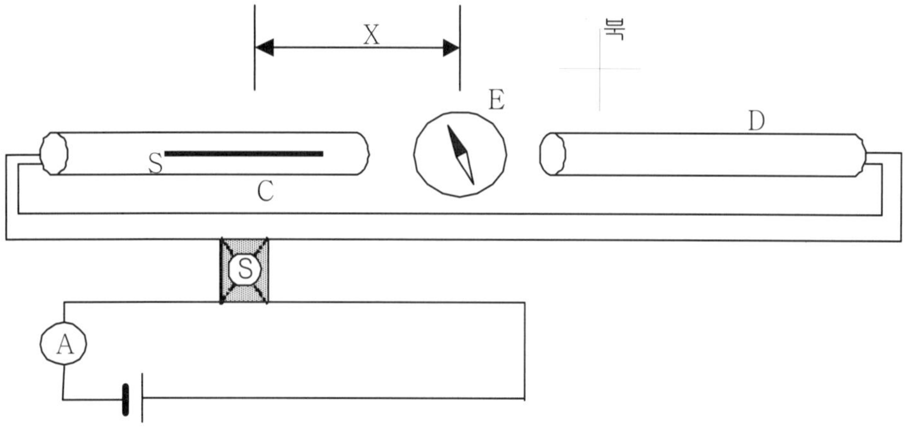

그림 16-3 두개의 솔레노이드 코일과 자력계의 배치도

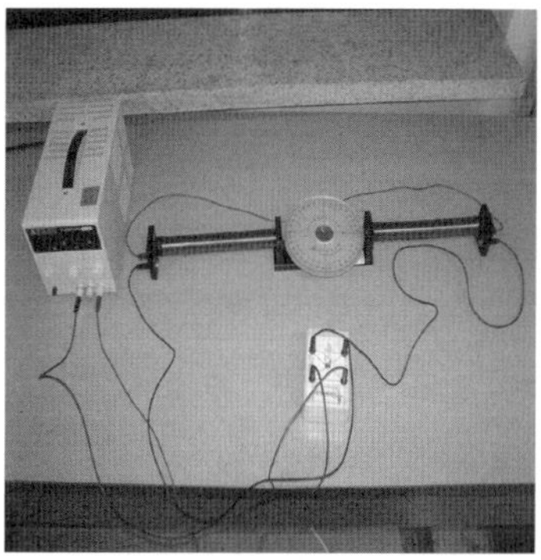

그림 16-4 자기이력곡선 실험세트

(1) 그림 16-3과 같이 솔레노이드 코일 C 와 D 를 동서방향으로 놓고, 그 중앙에 자력계를 놓는다.
(2) 전원배치를 완료하고, 전원장치를 OFF로 놓는다.
(3) 자침과 코일이 수직이 되게 설치한다.(나침판의 바늘이 0도에 위치)
(4) 시료의 부피를 확인하고 기록한 후 솔레노이드 코일 안에 넣는다. 초기 자화 되지 않은 시료를 제외하고 자침이 약간 변화됨을 볼 수 있을 것이다.
(5) 전원공급기의 전원을 키고 약간의 전류를 흐르게 한다.
(6) 전극전환 스위치를 조정하여 전류방향을 교대로 바꿔주면 시료의 자성이 없어지는 지점을 찾을 수 있을 것이다.
(7) 이제 전원을 최소로 맞추고 전압 Dial을 돌려 전류를 0.05 A씩 서서히 증가시킨다.
(8) 솔레노이드 코일에 공급된 전류 값과 자력계의 편이 각을 기록한다.(전류가 0.05 A씩 변화할 때마다 편이 각을 기록할 것)
(9) 시료에 의한 편이 각이 너무 클 때는 X 위치를 크게 함으로써 θ 의 변화를 조절할 수 있다.

(10) 전류가 증가해도 자력계의 편이 각이 더 이상 증가하지 않으면, 시료의 자기화 강도가 포화상태로 되었음을 말한다.
(11) 다시 전류를 천천히 내리면서 전류 값과 자력계의 편이 각을 기록한다.
(12) 전류가 최소 값에 도달하면, 전류를 0으로 만들고 이 때 θ를 측정한 후, 솔레노이드 코일의 극성을 (-)방향으로 바꾸어 위와 같은 측정을 반복한다.
(13) 최대전류에 이르면 다시 전류 값을 감소시키면서 측정하고, 최소전류에 이르면 다시 극성을 바꾸어 최대전류에 이를 때까지 위와 같은 방법으로 전류와 자력계가 돌아간 각을 측정하여 기록한다.
(14) 식 (4)와 식 (2)에 의해서 자기이력 곡선을 그린다.
(그래프의 좌표선정에 있어서, $B=\mu_0 nI$이고, B_h는 하나의 미지상수로 생각하여 $M = \dfrac{2\pi B_h}{V\mu_0}X^3\tan\theta = C\tan\theta$로 되므로 x축을 H대신에 전류 I로, y축을 M대신에 $\tan\theta$로 잡고 자기이력곡선을 그릴 수 있다.)
(15) 시료의 자성을 없앤 후(이는 앞 실험과정의 반복 때 자성이 없어지는 순간을 알 수 있다. 혹은 솔레노이드 코일에 교류를 흘려주면 다소의 열이 발생하면서 소자된다.) 전류를 증가시켜 가다가 자화강도에 이르기 전에 전류를 감소시켜 반대방향으로 같은 크기의 전류를 흘려주는 것을 반복하여 또 다른 이력곡선을 얻을 수 있다.
(16) 강철 시료로 시료를 교체하고 위 과정을 반복하여라.

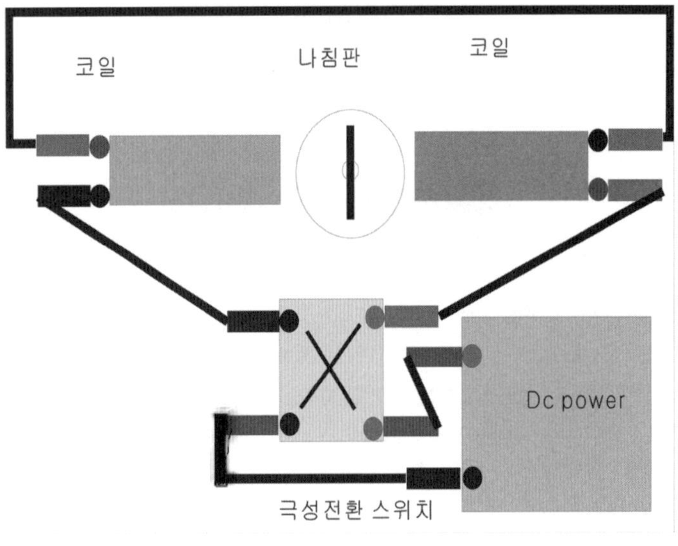

그림 16-5 실험장치 배치도

자기이력곡선 결과보고서

학과(전공) ________, 학번 ________, 이름_______, 실험조____, 실험일시 ________

1. 측정값

막대시료의 부피(V)

지자기의 수평분력(B_h)

자력계에서 시료 중심까지의 거리(X)

솔레노이드 코일의 단위길이 당 감긴 수(n)

측정구간	I	Θ	$\tan\theta$	$M = C\tan\theta$	$H = nI$	$c_m = \frac{M}{H}$
솔레노이드의 전류를 0에서부터 증가시켜서 M이 포화될 때까지의 구간	0 A	0도	0			
	0.05 A					
	(최대값)	(최대편향각)				
M의 포화된 전류를 감소시켜서 전류가 0이 될 때까지의 구간						
	0A					
전류극성을 바꾸고, 전류를 증가시켜서 M이 반대로 포화될 때까지의 구간						
	(-최대값)	(-최대편향각)				

M의 포화 상태 전류를 감소시켜서 전류가 0이 될 때까지의 구간						
	0A					
전류극성을 바꾸고, 전류를 증가시켜서 포화될 때까지의 구간						
	(최대값)	(최대편향각)				

2. 그래프

그림 16-1의 자기이력곡선을 을 참고하여 x축을 전류 I, y축을 tanθ로 하여 그래프를 그리시오.

3. 결과 및 토의

실험 17. 암페어 법칙 실험

1. 목적

직선 도선, 원형 도선 및 원형 코일, 솔레노이드에 전류가 흐를 때 생성되는 자기장의 분포를 알아보고 이론값과 비교하여 본다.

2. 이론

2-1. 직선 도선에서의 자기장

직선도선에 전류 I가 흐를 때 도선 주위에 생기는 자기장 B는 암페어 법칙에 의해

$$\oint B \cdot dl = \mu_0 I, \qquad B(2\pi r) = \mu_0 I \tag{1}$$

로 주어진다. 따라서 도선으로 거리 r되는 지점의 자기장은 다음과 같이 주어진다.

$$B(r) = \frac{\mu_0 I}{2\pi r} \tag{2}$$

여기서 μ_0는 진공 중에서 투자율로 $\mu_0 = 4\pi \times 10^{-7} \mathrm{T \cdot m/A}$ 이다.

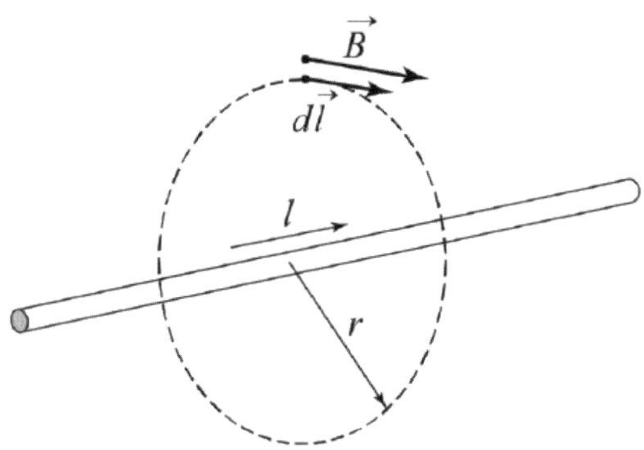

그림 17-1 Magnetic Field Created by Straight Conducting Wire

2-2. 원형 도선에서의 자기장

반경 R의 원형도선에 전류 I가 흐를 때, 중심 축의 임의의 점 P에서 자기장의 세기 B를 계산해 보자. 도선 요소 dl에 의한 벡터 dB는 비오-사바르의 법칙에 의해

$$dB = \frac{\mu_0 I d\vec{l} \times \vec{r}}{4\pi r^3} \tag{3}$$

이고 벡터 dl과 r은 수직이므로

$$dB = \frac{\mu_0 \, Idl \sin 90^\circ}{4\pi r^2} = \frac{\mu_0 \, Idl}{4\pi r^2} \tag{4}$$

이고, 적분을 실시하면, B_y는 상쇄되고 B_x만 남는다.

$$B_x(x) = \frac{\mu_0 I}{2} \frac{R^2}{(R^2 + x^2)^{3/2}} \tag{5}$$

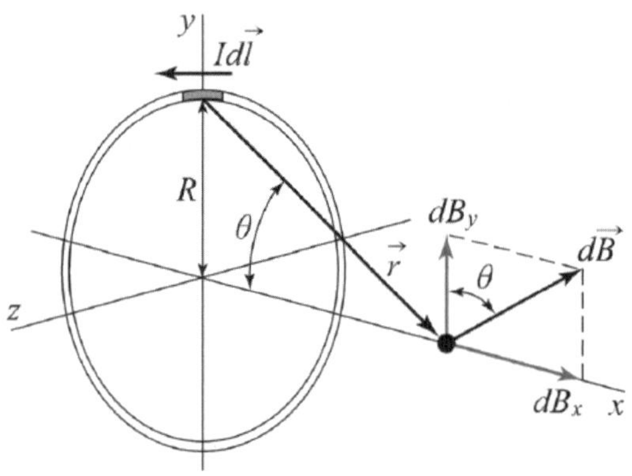

그림 17-2 Magnetic Field Created by Circular Conducting Wire

2-3. 솔레노이드의 자기장

매우 긴 솔레노이드 내부에서의 자기장은 암페어 법칙에 의해 $B = \mu_0 n I$ 로 주어진다. 여기서 μ_0은 진공에서의 투자율, I는 전류, n은 솔레노이드의 단위길이당 도선의 감은 횟수(turn/meter)이다. 이 식에서 보는 바와 같이 자기장의 세기는 코일의 반경이나 코일내부의 위치에 무관함을 알 수 있다. 그러나 실제로는 솔레노이드의 길이는 유한하고 솔레노이드 내부의 자기장도 균일하지 않기 때문에 보정을 해 주어야 한다.

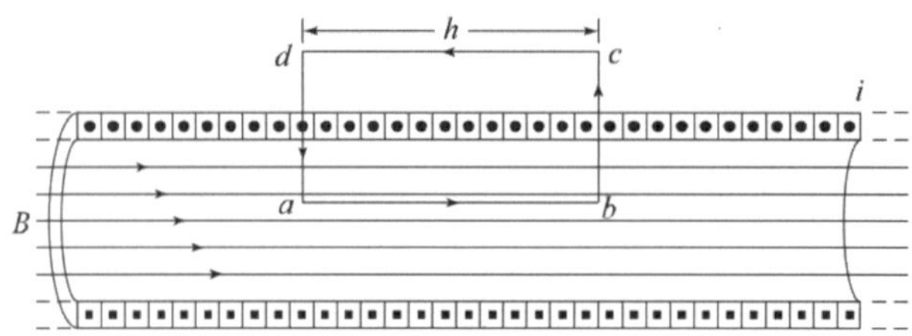

그림 17-3 Solenoid

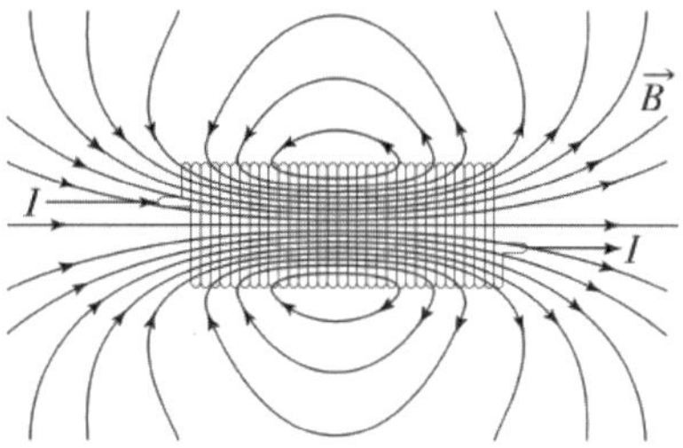

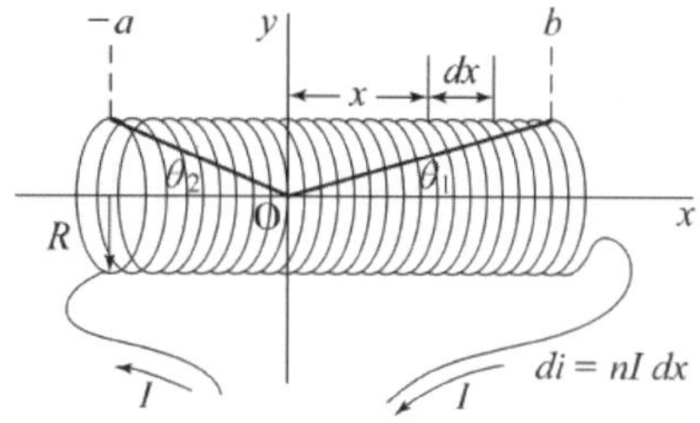

그림 17-4 Magnetic Field Created by Solenoid

그림 17-4와 같이 솔레노이드의 중심축상 임의의 점 0에서 자기장의 세기는 비오-사바르의 법칙을 이용하면

$$B_{x=0} = \frac{1}{2}\mu_0 n I\left(\frac{b}{\sqrt{b^2+R^2}} + \frac{a}{\sqrt{a^2+R^2}}\right) = \frac{1}{2}\mu_0 n I(\cos\theta_1 + \cos\theta_2) \tag{6}$$

으로 주어진다. 솔레노이드의 길이를 l, 중심을 원점으로 잡으면 중심 $(x=0,\ a=b=l/2)$ 과 끝점$(x=l/2)$에서 자기장의 세기는

$$B_{x=0} = \mu_0 n I\left(\frac{l}{\sqrt{l^2+4R^2}}\right) \tag{7}$$

$$B_{x=\frac{l}{2}} = \mu_0 n I\left(\frac{l}{\sqrt{l^2+R^2}}\right) \tag{8}$$

가 된다. 식(7)의 솔레노이드 단위길이당 감은 수 n을 총 감은수 N으로 바꾸면

$$B_{x=0} = \mu_0 \frac{N}{l} I\left(\frac{l}{\sqrt{l^2+4R^2}}\right) = \frac{\mu_0 N I}{\sqrt{l^2+4R^2}} \tag{9}$$

가 된다.

3. 기구 및 장치

- 단일 코일의 자기장 측정장치(실험판, 자기장센서 이동마운트)
- 직선도선, 원형도선, 솔레노이드
- 자기장 센서
- 직류전원공급장치($30\,V-3A$)
- 850 Universal Interface
- PASCO Capstone Software

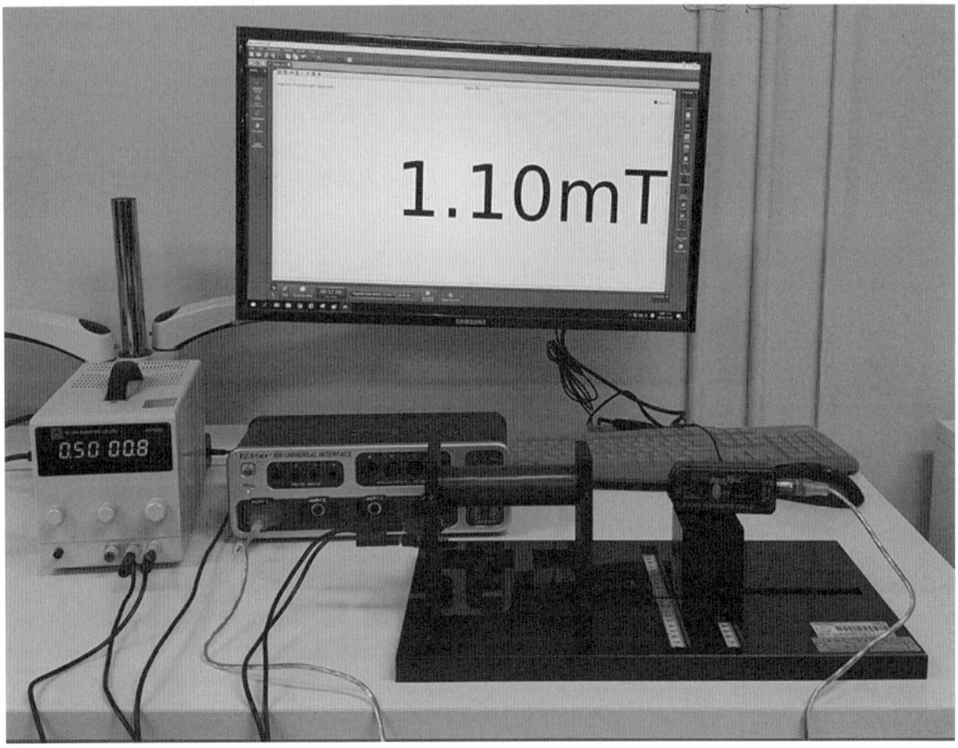

그림 17-5 암페어 법칙 실험 장치

4. 실험 방법

4-1. 직선 도선의 자기장 측정

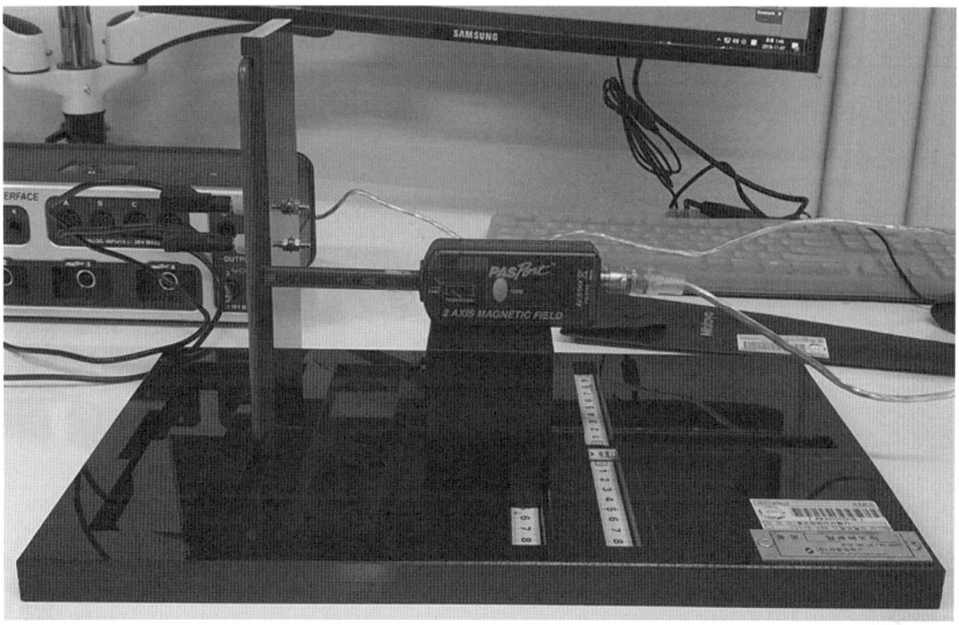

그림 17-6 Magnetic Field of Straight Conducting Wire

(1) 그림 17-6과 같이 실험판 위에 직선 도선 및 센서 이동마운트를 설치하고, 자기장 센서가 도선에 딱 닿도록 설치한다.

(2) 도선을 전원공급장치에 연결한다. 전원공급장치의 전원을 켜고 전류를 3A 정도로 맞추고, OFF해 둔다. **[주의] 실험 중이 아닌 경우는 전원을 항상 OFF 시킨다.**

(3) 자기장 센서를 850 인터페이스의 PASPORT 단자에 연결한다.

(4) Casptone 소프트웨어를 실행한다.

(5) 그림17-7에 나타낸 바와 같이 첫 번째로 화면 좌측 상단의 Hardware Setup을 눌러 자기장 센서가 잘 연결되었는지 확인 후 화면 우측 상단의 Digits 버튼을 눌러 데이터 측정 화면을 켠다.

(6) 그림 17-8에서 보이는 바와 같이 좌측 상단의 Select Measurement 버튼을 눌러 Magnetic Field Sensor Strength(Axial)(T)을 선택하면 측정할 준비가 된 것이다.(이때 옆의 단위 T를 클릭하여 적절한 단위(mT, μT, G 등)로 변환 가능하다.

(7) 자기장센서가 직선도선에 딱 닿게 설치하고 센서의 중심과 직선도선 중심사이의 거리 r_0를 측정한다. [참고] 대략 6.7mm

(8) 전원공급장치의 전원을 켜고 3A의 전류를 흐르게 한 후 화면 좌측 하단의 record버튼을 눌러 측정을 시작한다.

(9) 자기장 센서를 옆으로 5mm씩 이동시키면서 자기장 값을 측정한다.

(10) 위에서 얻어진 데이터로 거리(x축)와 자기장(y축) 사이의 그래프를 그리고 이론값과 비교 분석한다.

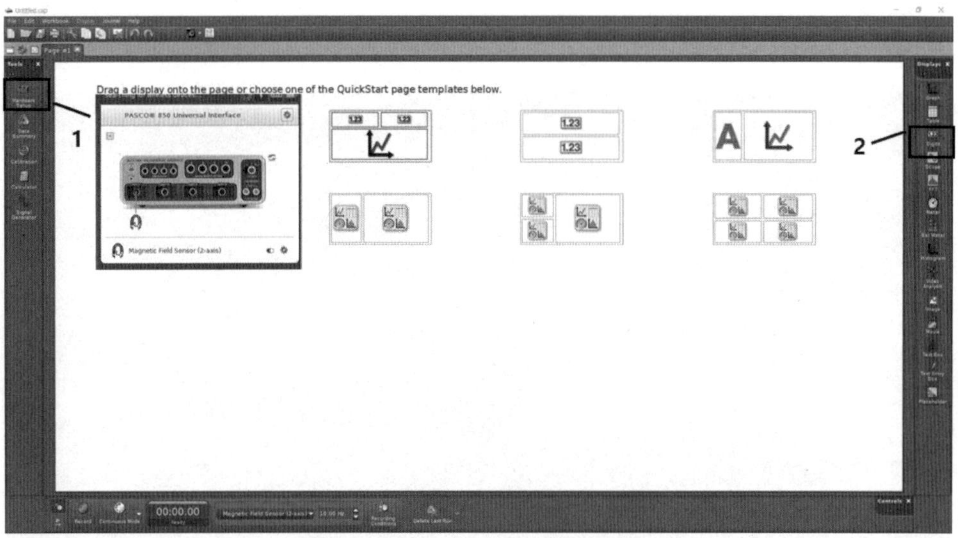

그림 17-7 Casptone 작동 예

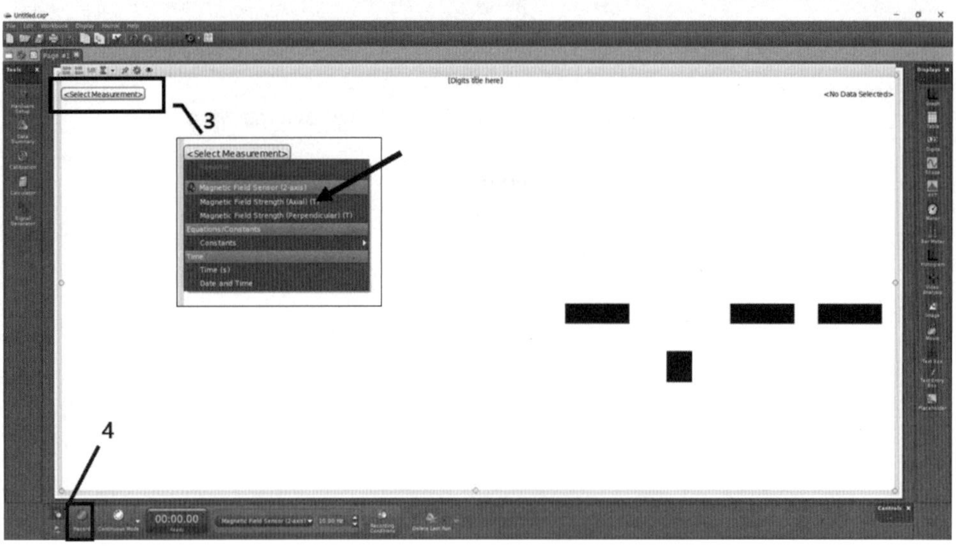

그림 17-8 Casptone 작동 예

4-2. 원형 도선의 자기장 측정

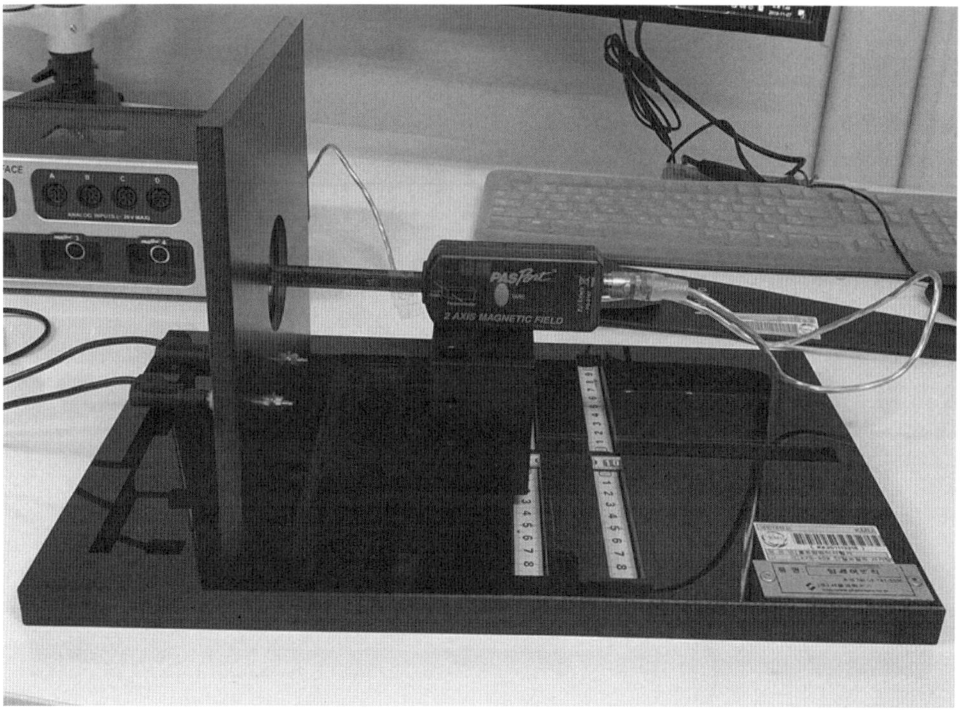

그림 17-9 Magnetic Field of Circular Conducting Wire

(1) 그림 17-9와 같이 실험판 위에 원형 도선 및 센서 이동마운트를 설치하고, 자기장 센서가 원형 도선의 중앙에 오도록 설치한다.

(2) 앞선 실험인 직선 도선 실험의 (2)에서 (6)까지 실험과정을 반복하여 자기장 측정 준비를 한다.

(3) 자기장 센서가 원형 도선의 중앙에 오게 설치한 후 원형 도선 중심으로부터 수직거리 x=0 일 때 자기장을 측정한다. [참고] 자기장 센서가 원형도선의 중심에 있을 때 평균 반지름은 30mm

(4) 전원공급장치의 전원을 켜고 3A의 전류를 흐르게 한 후 화면 좌측 하단의 record버튼을 눌러 측정을 시작한다.

(5) 자기장 센서를 뒤로 5mm씩 이동시키면서 자기장 값을 측정한다.

(6) 위에서 얻어진 데이터로 거리(x축)와 자기장(y축) 사이의 그래프를 그리고 이론값과 비교 분석한다.

4-3. 솔레노이드의 자기장 측정

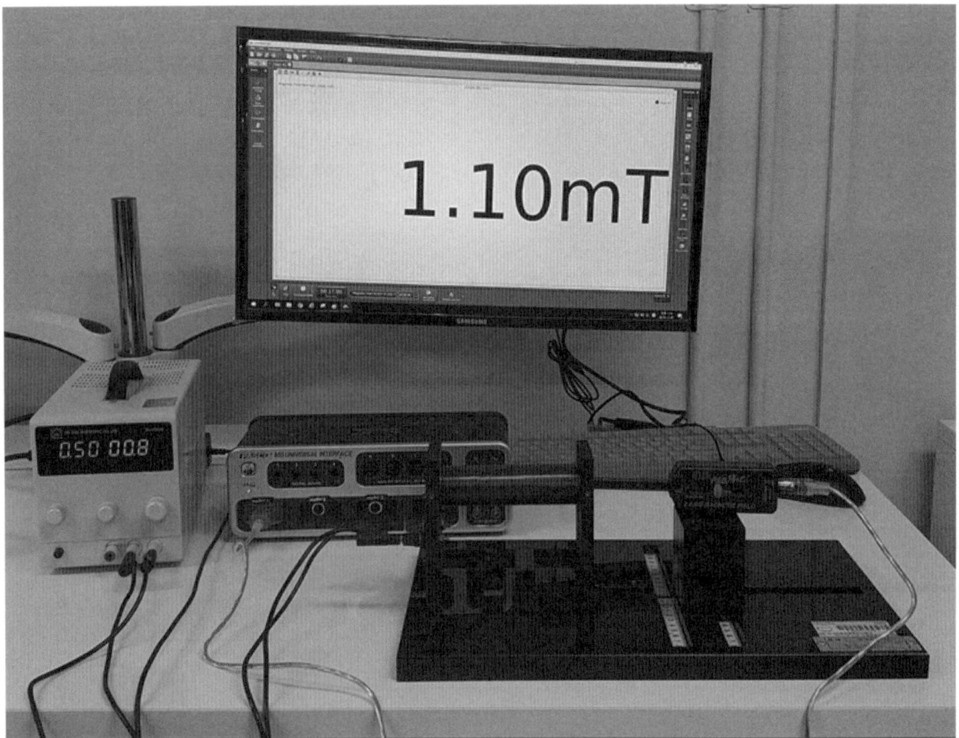

그림 17-10 Magnetic Field of Solenoid

(1) 그림 17-10과 같이 실험판 위에 솔레노이드 및 센서 이동마운트를 설치하고, 센서가 솔레노이드의 중앙에 오도록 설치한다.[참고] 이동마운트에 자기장 센서를 꽂고 솔레노이드 방향으로 밀착시킨 후 이동마운트 후면이 실험판 위의 이동트랙 상 5.3cm 지점에 닿을 때가 자기장 센서가 솔레노이드의 중앙에 위치해 있을 때이다.

(솔레노이드는 평균반경 14mm, 길이 120mm, 감은수 650회의 재원을 가진다)

(2) 코일을 전원공급장치와 연결한 후, 전원공급장치의 전원을 켜고 전류를 1A 정도로 맞추고, OFF해 둔다.

(3) 앞선 실험인 직선 도선 실험의 (2)에서 (6)까지 실험과정을 반복하여 자기장 측정 준비를 한다.

(4) 자기장 센서가 솔레노이드의 중앙에 위치하게 한 후, 전원공급장치의 전원을 켜고 0.5A의 전류를 흐르게 하고, 화면 좌측 하단의 record버튼을 눌러 측정을 시작한다.

(5) 전원공급장치의 전류를 0.5A씩 증가시키면서 자기장 값을 측정한다.

(6) 위에서 얻어진 데이터로 전류(x축)와 자기장(y축) 사이의 그래프를 그리고 이론값과 비

교 분석한다.

암페어 법칙 실험 결과보고서

학과(전공) ________, 학번 _________, 이름________, 실험조_____, 실험일시 ________

1. 측정값 및 계산

1) 직선 도선에서의 자기장

I = 3 A, 센서중심과 직선도선 중심사이의 거리 r_0 = 6.7 mm

직선도선으로부터의 거리 $r = r_0 + (\quad)$ mm	자기장 실험값 (mT)			자기장 이론값(mT)	오차(%)
	1회	2회	평균값		

*이론 값은 식 (2)에 의해 계산

2) 원형 도선에서의 자기장

R = 30mm, I = 3 A

원형 도선 중심으로부터의 수직거리 x (mm)	자기장 실험값 (mT)			자기장 이론값(mT)	오차(%)
	1회	2회	평균값		
0					
5					
10					
15					
20					

*이론 값은 식 (5)에 의해 계산

3) 솔레노이드 코일 (솔레노이드 중심에서의 자기장 측정)

총 감은수 N= 650 turn, 평균반경 R = 14 mm, 길이 l = 120 mm

전류 I (A)	자기장 실험값 (mT)			자기장 이론값(mT)	오차(%)
	1회	2회	평균값		
0.5					
1.0					
1.5					
2.0					
2.5					

*이론 값은 식 (9)에 의해 계산

2. 측정값의 해석

1) 직선도선

2) 원형도선

3) 솔레노이드 코일

3. 결과 및 토의

실험 18. 유도기전력 측정 실험

1. 목적

긴 1차의 솔레노이드 코일에 다양한 크기의 전류와 주파수로 자기장을 형성시킨 후 1차 코일 내로 삽입되는 2차 코일 양단에서의 유도기전력에 대하여 1차 코일의 전류와 주파수 및 2차 코일의 감은 수, 코일 반경 등의 함수관계로 조사한다.

2. 기본 원리

자기선속(magnetic fulx) Φ의 시간적 변화율은 유도기전력 V를 유발한다.

$$\Phi = \int_A \vec{B} \cdot d\vec{a}$$

$$V = \oint \vec{E} \cdot d\vec{s}$$

여기서 E는 전기장의 세기이며, B는 자기 플럭스밀도 이다. A는 도체에 닫혀진 면적이고, C는 그 경계이다.

Φ와 V의 관계식은 Maxwell의 두 번째 식에서 유도된다. 즉

$$V = -\frac{d\Phi}{dt} \tag{1}$$

이며, 이는 한 개의 도체 루프의 경우이다. n개의 평행한 도체 루프를 통하여 같은 플럭스가 지나게 되면, 유도되는 기전력은

$$V = n\oint \vec{E} \cdot d\vec{s} \tag{2}$$

가 된다.

실험에서 자기장은 1차의 긴 솔레노이드 코일에 의하여 발생한다. 솔레노이드 코일 내에서의 자기장은 일정하므로

$$\Phi = \vec{B} \cdot \vec{A}\ . \tag{3}$$

암페어법칙에 의하여

$$\oint_C \vec{B} \cdot d\vec{s} = \mu_0 \int_{A'} \vec{j} \cdot d\vec{a}$$

이며, 이 식은 면적 A'을 통해 흐르는 일정한 전류 I와 아래의 관계가 성립한다.

$$I = \int_{A'} \vec{j} \cdot d\vec{a}$$

그리고 그것에 의하여 자기장 B가 생성된다. j는 전류밀도, μ_0는 진공중의 투자율 이고. 그 값은 $\mu_0 = 1.26\times10^{-6}(\frac{Vs}{Am} = N/A^2)$ 이다.

n' 감긴 길이 l인 코일의 경우 자기장의 크기는

$$B = \frac{\mu_0 n' I}{l} \quad \text{(코일 내부에서)}$$

가 된다

그러므로 주파수 f 혹은 각진동수 ω인 교류전류 I가 1차 코일을 통하여 흐르는 경우 $I = I_0 \sin \omega t$ 이고 식(1)로부터, 2차 코일(n번 감은 수, 단면적 A)에 유도되는 전압은

$$V = -\frac{\mu_0 n A n' I_0 w cos wt}{l} = -\frac{\mu_0 n A n' I_0 2\pi f}{l} \qquad (4)$$

이 된다.

<측정 항목>

① 1차 코일의 인가 전류변화(자기장의변화)에 따른 2차 코일의 유도전압 측정
② 1차 코일의 인가 주파수 변화에 따른 2차 코일의 유도 전압 측정
③ 2차 코일의 turn 수 변화에 따른 2차 코일의 유도 전압 측정
④ 2차 코일의 단면적의 변화에 따른 2차 코일의 유도 전압 측정

3. 실험 기구

- 1차 코일 (Field Coil) : 길이 600 mm, 내경 63 mm, 1400 turn
- 2차 코일 (Induction Coil) : 길이 300 mm, 내경 40 mm, 1500 turn
- 2차 코일 (Induction Coil) : 길이 300 mm, 내경 40 mm, 1000 turn
- 2차 코일 (Induction Coil) : 길이 300 mm, 내경 40 mm, 500 turn
- 2차 코일 (Induction Coil) : 길이 300 mm, 내경 30 mm, 1000 turn
- 2차 코일 (Induction Coil) : 길이 300 mm, 내경 25 mm, 1000 turn
- 함수발생기
- 멀티메터
- 연결선(바나나-바나나 1 m) *3ea
- 연결선(바나나-BNC)*1ea

* 파형 관찰이 필요할 경우 2Ch 오실로스코프(Cat.6502) 사용

4. 실험 방법

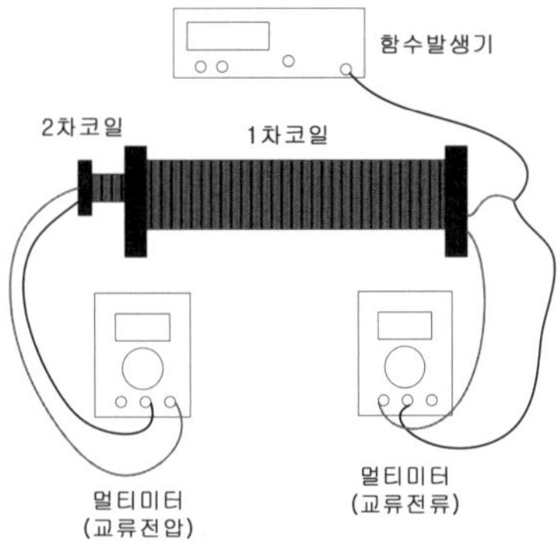

그림18-1 유도기전력 측정 배치

(1) 그림 18-1과 같이 필드코일, 유도코일, 멀티미터, 함수 발생기를 배치시킨다. 파형 관찰이 필요한 경우에는 2Ch 오실로스코프를 사용하여 Ch1은 필드코일 Ch2는 유도코일에 연결하고 dual mode에서 관찰한다.

(2) 함수발생기는 출력 파형은 사인 파형으로 설정하고, 측정 주파수 범위는 1 kHz에서 10 kHz 범위 정도에서 공급한다. 디지털 멀티메터를 사용할 경우 주파수에 따라 측정 정밀도에 변화가 있으므로 높은 주파수에서의 측정은 정밀도가 떨어진다. 낮은 주파수에서는 코일이 거의 쇼트 상태가 되므로 측정이 용이하지 않다.

(3) 디지털 멀티메터1은 1차 코일에 흐르는 교류전류를 측정하고 디지털 멀티미터2는 2차 코일 양단의 교류전압을 측정한다. 정확한 측정값을 얻기 위해서는 real rms 측정 가능한 멀티미터를 사용하여야 한다.

<1차 코일의 인가 전류변화(자기장의변화)에 따른 2차 코일의 유도전압 측정>

(4) 1차 코일에 흐르는 전류를 변화시켜 내부에서의 자기장의 변화에 따른 2차 코일의 유도전압을 측정한다. 임의의 2차 코일을 선정하여 코일 안에 넣는다. (단 큰 값을 얻기 위해서는 많이 감긴 코일을 사용하는 것이 유리하다.)

(5) 주파수는 변화 시키지 말고 함수 발생기 증폭 volume 을 이용하여 1차 코일의 전류를 변화 시키고 그때의 전류 값과 2차 코일에 유도되는 전압 값을 기록하여라.

(6) 식 (4)에 의해 계산된 값과 실험값을 비교하여라.

<1차 코일의 주파수 변화에 따른 2차 코일의 유도전압 측정>

(7) 임의의 2차 코일을 1차 코일에 삽입 시키고 1차 코일에 인가되는 주파수를 변화시키며 2차 코일에 유도되는 전압을 측정한다.

(8) 식 (4)에 의해 계산된 값과 실험값을 비교하여라.

<2차 코일의 turn 수 변화에 따른 2차 코일의 유도 전압 측정 >

(9) 일정한 1차 코일의 주파수와 전류 아래서 turn 수가 다른(500, 1000, 1500) 내경 40 mm의 코일을 각각 1차 코일 안에 삽입하여 turn 수 변화에 따른 2차 코일의 유도 전압을 측정한다.

<2차 코일의 단면적 변화에 따른 2차 코일의 유도 전압 측정 >

(10) 일정한 1차 코일의 주파수와 전류 아래서 단면적이 다른(25, 30, 40 mm) 1000 turn의 코일을 각각 1차 코일 안에 삽입하여 단면적 변화에 따른 2차 코일의 유도 전압을 측정한다.

●사용상 주의 사항

1. 반드시 real rms 측정 가능한 멀티메타를 사용한다.
2. 인가 주파수를 측정에 알맞은 주파수 범위로 가변한다.

유도기전력 측정 결과보고서

학과(전공) ________, 학번 _________, 이름________, 실험조_____, 실험일시 ________

1. 측정값 및 계산

*1차 코일(감은수 n_1=1400 turn, 길이 l_1=600 mm)

1) 1차 코일 전류 변화에 따른 2차 코일 유도 전압의 변화

- 1차 코일 인가 주파수: 1000 Hz
- 2차 코일 직경 d_2: 40 mm, 2차 코일 감은 수 n_2: 1000 turn

1차 코일 전류(mA)	2차 코일 유도 전압 (V)			2차코일 유도기전력 이론값(V)	오차(%)
	1회	2회	실험 평균값		
10					
15					
20					
25					
30					

2) 1차 코일 주파수 변화에 따른 2차 코일 유도 전압의 변화

- 1차 코일 전류 : 10.0 mA
- 2차 코일 직경 d_2: 40 mm, 2차 코일 감은 수 n_2: 1000 turn

1차 코일 주파수(Hz)	2차 코일 유도 전압 (V)			2차코일 유도기전력 이론값(V)	오차(%)
	1회	2회	실험 평균값		
1000					
1250					
1500					
1750					
2000					

3) 2차 코일 turn 수 변화에 따른 2차 코일의 유도 전압 측정

- 1차 코일 주파수 f : 1000 Hz, 전류 I : 10.0 mA
- 2차 코일 직경 d_2: 40 mm

2차 코일 turn 수	2차 코일 유도 전압 (V)			2차코일 유도기전력 이론값(V)	오차(%)
	1회	2회	실험 평균값		
500					
1000					
1500					

4) 2차 코일 단면적 변화에 따른 2차 코일의 유도 전압 측정

- 1차 코일 주파수 f : 1000 Hz, 전류 I : 10.0 mA
- 2차 코일 감은 수 n_2: 1000 turn

2차 코일 직경 (mm)	2차 코일 유도 전압 (V)			2차코일 유도기전력 이론값(V)	오차(%)
	1회	2회	실험 평균값		
25					
30					
40					

2. 측정값의 해석

3. 결과 및 토의

부 록 1 기본물리상수(Fundamental Physical Constants)

한국표준연구소 제공

	양	기 호	값	단위	불확도(ppm)
일반	광속(진공에서)	c	299 792 458	ms^{-1}	0
	진공투자율	μ_0	$4\pi\times10^{-7}$	NA^{-2}	0
	진공유전율$(1/\mu_0 c^2)$	ϵ_0	8.854 187817...	$10^{-2}Fm^{-1}$	0
	플랑크 상수	h	6.626 075 5(40)	$10^{-34}Js$	0.60
			4.135 669 2(12)	$10^{-15}eVs$	0.30
	$h/2\pi$	h	1.054 572 66(63)	$10^{-34}Js$	0.60
			6.582 122 0(20)	$10^{-16}eVs$	0.30
	기본 전하량	e	1.602 177 33(49)	$10^{-19}C$	0.30
	조셉슨 주파수 전압비	$2e/h$	4.385 976 7(14)	$10^{14}HzV^{-1}$	0.30
	양자 홀 저항(h/e^2)	R_H	25 812.805 6(12)	Ω	0.30
	아보가드로 수	N_A	6.022 136 7(36)	$10^{23}mol^{-1}$	0.045
	원자질량단위[$1u$ = 1/12m(^{12}C)	u	1.660 540 2(10)	10^{-27}kg	0.59
			931.494 32(28)	MeV	0.30
	페러데이 상수$(N_A e)$	F	96 485.309(29)	$Cmol^{-1}$	0.30
	뉴턴 중력상수	G	6.672 58(85)	$10^{-11}m^3kg^{-1}s^{-2}$	128
	보어 마그네톤$(eh/2m_e)$	μ_B	9.274015 4(31)	$10^{-24}JT^{-1}$	0.34
			5.788 382 63(52)	$10^{-5}eVT^{-1}$	0.089
	핵 마그네톤$(eh/2m_p)$	μ_N	5.050 786 6(17)	$10^{-27}JT^{-1}$	0.34
			3.152 451 66(28)	$10^{-8}eVT^{-1}$	0.089
	저속양자$(h/2e)$	Φ_0	2.006 783 461(61)	$10^{-15}Wb$	0.30
입자	보어 반지름$(\alpha/4\pi R_\infty)$	a_0	0.529 177 249(24)	$10^{-10}m$	0.045
전자	전자 비전하	$-e/m_e$	-.1758 819 65(53)	$10^{-11}Ckg^{-1}$	0.30
	고전전자 반지름$(\alpha^2 a_0)$	r_e	2.817 940 92(38)	$10^{-15}m$	0.13
	전자콤프턴 파장$(h/m_e C)$	λ_c	2.426 310 58(22)	$10^{-12}m$	0.089
	$(\lambda_c/2\pi)$	λ_c	3.861 593 23(35)	$10^{-13}m$	0.089
	전자 자기 모멘트	μ_c	928.477 01(31)	$10^{-26}JT^{-1}$	0.34
	보어 마그네톤과의 비	μ_c/μ_B	1.001 159 652 193(10)		1×10^{-5}
	전자와 양성자의 자기 모멘트 비	μ_c/μ_p	658.210 688 1(66)		0.010
중성자	전자질량	m_e	9.109 389 7(54)	10^{-31}kg	0.59
			5.485 799 06(13)	$10^{-4}u$	0.023
			1.510 999 06(15)	MeV	0.30
	1 전자 볼트$[(e/C)J]$	eV	1.602 177 33(49)	$10^{-19}J$	0.30
	톰슨 단면적$(8\pi r_e^2/3)$	σ_c	0.665 246 16(18)	10^{-28}㎡	0.278
	중성자 콤프턴 파장$(h/m_n C)$	$\lambda_{c,n}$	1.319 591 10(12)	$10^{-15}m$	0.089
	$(\lambda_{c,n}/2\pi)$	$\lambda_{c,n}$	2.100 194 45(19)	$10^{-16}m$	0.089
	중성자 질량	m_n	1.674 928 6(10)	10^{-27}kg	0.59
			1.008 664 904(14)	u	0.014
			939.565 63*28)	MeV	0.30

양성자	콤프턴 파장(h/m_pc)	$\lambda_{c,p}$	1.321 410 02(12)	10^{-15}m	0.089
	(h/m_pc)	$\lambda_{c,p}$	2.103 089 37(19)	10^{-16}m	0.089
	양성자 자기회전비율	γ_p	26 752.212 8(81)	10^4s^{-1}T-1	0.30
		$\gamma_p/2\pi$	42.576 375(13)	MH_ZT^{-1}	0.30
	물에서의 양성자 자기회전비율	γ_p'	26 751 525 5(81)	10^4s^{-1}T-1	0.30
		$\gamma_p'/2\pi$	42. 576 375(13)	MH_ZT^{-1}	0.30
	양성자 자기 모멘트	μ_p	1.410 607 61(47)	$10^{-26}JT^{-1}$	0.34
	보어 마그네톤과의 비	μ_p/μ_B	1.521 032 202(15)	10^{-3}	0.010
	핵 마그네톤과의 비	μ_p/μ_N	2.792 847386(63)		0.023
	물에서의 양성자 자기 모멘트	μ_p'	1.410 571 38(47)	$10^{-26}JT^{-1}$	0.34
	보어 마그네톤과의 비	μ_p'/μ_B	1.520 993 129(17)	10^{-3}	0.011
	핵 마그네톤과의 비	μ_p'/μ_N	2.792 775 642(64)		0.023
	양성자 질량	m_p	1.672 623 1(10)	10^{-27}kg	0.59
			1.007 276 470(12)	u	0.012
			937.272 31(28)	MeV	0.30
	양성자와 전자의 질량비	m_p/m_e	1 836.152 701(37)		0.020
	뮤온 질량	m_μ	1.883 532 7(11)	10^{-28}kg	0.61
			0.113 428 913(17)	u	0.15
			105.652 389(34)	meV	0.32
	뮤온과 전자의 질량비	m_μ/m_e	206.728 262(30)		0.15
	뮤온과 자기 모멘트	μ_μ	4.490 451 4(15)	$10^{-26}JT^{-1}$	0.33
	뮤온과 양성자의 자기 모멘트 비	μ_μ/μ_p	31.183 345 47(47)		0.15
	뮤온 g인자	g_μ	2.002 331 846(17)		0.0084
분광	미세구조 상수($\mu_0 ce^2/2h$)	α	7.297 353 08(33)	10^{-3}	0.045
	역미세구조 상수	α^{-1}	137.035 989 5(61)		0.045
	리드베리 상수($m_w c\alpha^2/2h$)	R_∞	10.973 731.534(13)	m^{-1}	0.0012
			2.179 874 1(13)	10^{-8}J	0.60
			13.605 698 1(40)	eV	0.30
열	몰 기체 상수	R	8.314 510(70)	$Jmol^{-1}K^{-1}$	8.4
	볼츠만 상수(R/N_A)	k	1.380 658(12)	$10^{-23}JK^{-1}$	8.5
			8.617 385(73)	$10^{-5}eVK^{-1}$	8.4
	이상기체의 몰 부피 (T=273.05K, p =101 325Pa)	v_m	0.002 414 10(19)	m^3mol^{-1}	8.4
	1차 복사 상수	$c1$	3.741 774 9(22)	$10^{-16}Wm^2$	0.60
	2차 복사 상수	$c2$	0.014 387 69(12)	mK	8.4
	스테판-볼츠만 상수 $[(\pi^2/60)k^4/h^3c^2]$	σ	5.670 51(19)	$10^{-8}Wm^{-2}K^{-4}$	34
	변 변위법칙 상수($c_2/4.96511423...$)	b	2.897 756(24)	10^{-3}mK	8.4

본 기본물리상수는 CODATA(국제과학연맹과학기술위원회) 산하 기본상수 소위원회에서 1896년 1월 1일까지 수집한 각국의 측정자료를 기준으로 새로이 결정한 것으로서 CODATA Bulletin 1986년 11월호에 발표된 것 중 중요한 것만 간추린 것이다. 이 표에 사용된 단위는 국제단위계(SI)이며, 이 값들의 끝부분(　)는 마지막 2자리수에서의 표준편차이다. 한글의 용어는 문교부 "편수자료 III" (1987년 11월 발간)에 따랐다.

부 록 2 SI 단위 환산인자

1. 길 이

1 angstrom (Å)	$=1\times10^{-10}$m	Wavelength of 1 eV	
1 atomic unit (a_0)	$=0.529\ 18\times10^{-10}$m	photon (hc/eV)	$=1.2398\times10^{-6}$m
1 astronomical unit (AU)	$=1.4960\times10^{11}$m	1 yard	=0.9144m
1 electron radius (γ_e)	$=2.8179\times10^{-15}$m		=3ft
1 fermi(femtometer) (fm)	$=1\times10^{-15}$m		
1 foot (ft)	$=0.529\ 18\times10^{-10}$m	1 간	=6자
	=0.3048m	1 리	$=3.9273\times10^{3}$m
1 inch (in)	=0.254m		=36정
1 light year (ly)	$=9.4605\times10^{15}$m	1 자	$=3.0303\times10^{-1}$m
1 microinch	$=2.54\times10^{-8}$m		=10치
1 mil	$=2.54\times10^{-5}$m	1 정	=60간
1 mile	=1609.3m	1 해리	$=1.852\times10^{3}$m
	=1760yard		

2. 넓 이

1 acre	$=4046.9$m^2	1 square mile	$=2.5900\times10^{6}$m^2
1 are	$=100$m^2	1 square yard (yd^2)	$=0.83613$m^2
1 barn (b)	$=1\times10^{-28}$m^2	1 정(정보)	$=9.9174\times10^{3}$m^2
1 ciircular mil	$=5.0671\times10^{-10}$m^2		=3000평
1 ft^2	$=0.092\ 903$m^2	1 평	$=3.3058$m^2
1 hectare	$=10\ 000$m^2		=36제곱자
1 in.^{2}	$=6.4516\times10^{-4}$m^2		

3. 부 피

1 barre l(petroleum, 42 gal)	$=0.1589$m^3	1 liter	$=1\times10^{-3}$m^3
1 barrel (bbl)		1 ounce(U.K. fluid)	$=2.8413\times10^{-5}$m^3
(other liquids 31.5gal)	$=0.11924$m^3	1 ounce(U.S. fluid)	$=2.9574\times10^{-5}$m^3
1 cord (cd) (firewood)	$=128$ft^3	1 stere	$=1$m^3
1 cup(measuring)	$=2.3659\times10^{-4}$m^3	1 tablespoon	$=1.4787\times10^{-5}$m^3
1 dram (U.S. fluid)	$=3.6967\times10^{-6}$m^3	1 teaspoon	$=4.9289\times10^{-6}$m^3
1 fluid ounce (U.S.)	$=2.9574\times10^{-5}$m^3	1 yd^3	$=0.764\ 55$m^3
1 ft^3	$=0.028\ 317$m^3	1 석	=10 두(말)
1 gallon (U.K. liquid,277.418in.$^{3)}$	$=4.5461\times10^{-3}$m^3		=100승(되)
1 gallon (U.S. dry)	$=4.4049\times10^{-3}$m^3	1 승 (되)	$=1.8039\times10^{-3}$m^3
1 gallon (U.S. liquid, 231 in.^{3})	$=3.7854\times10^{-3}$m^3		=10 홉
1 in^3	$=1.6387\times10^{-5}$m^3		=100 작

4. 질 량

1 atomic mass unit		1 pound(troy or apothecary)	
(^{12}C scale) (u)	$=1.6605\times10^{-27}$kg		=0.37324kg
1 carat (metric)	$=2\times10^{-4}$kg	1 quintal (q)	=100kg
1 dram, apothecary	$=3.8879\times10^{-3}$kg	1 slug	=14.594kg
1 dram, avoirdupois	$=1.7718\times10^{-3}$kg	1 ton (long, 2240 lb)	=1016kg
1 grain	$=6.4799\times10^{-5}$kg	1 ton (short, 2000 lb)	=907.18kg
1 kgf • s^2/m	=9.80665kg	1 ton (metric ton)	=1000kg
1 ounce (avoirdupois)	$=2.8350\times10^{-2}$kg	1 근	$=6\times10^{-1}$kg
1 ounce (troy, apothecary)	$=3.1103\times10^{-2}$kg	1 관	=3.75kg
1 pound (1b avoirdupois)	=0.45359kg		=6.25

5. 시 간

1 day	=86 400s	1 second	=9 192 631 770
1 day (sidereal)	=86 161s		^{133}Cs cycle
1 hour	=3600s	1 minute	=60s
1 hour (sidereal)	=3590.2s	1 secone (sidereal)	=0.99727s
1 year (sidereal)	=3.1588×10's	1 year(365days)	=31 536 000s
1 year(tropical)	=3.1557×10's	1 atomic unit	$=2.4189\times10^{-11}$s
		$(\tau_0 = h / m_c c^2 x^2 = 1 / 4\pi R_x c)$	

6. 각

1 degree (°)	$=1.7453\times10^{-2}$rad	1 second(")	$=4.8481\times10^{-6}$rad
1 minute (')	$=2.9089\times10^{-4}$rad		

7. 온 도

Degree Celsius	$T_K = T_c + 273.15$	Triple point of natural water	=273.16K
Degree Fahrenheit	$T_c = (T_F - 32) / 1.8$		
Degree Fahrenheit	$T_K = (T_F + 459.67) / 1.8$	Elementary temperature	$=8.1261\times10^{11}$K
Degree Rankine	$T_K = T_R / 1.8$	$(m_c c^2 / \alpha k)$	
Kelvin	$T_c = (T_K - 273.15)$	Temperature of 1 eV	=11 604K

8. 밀 도

1 grain/gal (U.S. liquid)	=0.017118 kg/m^3	1 ton (short) / yd^3	=1186.6 kg/m^3
1 oz (avoirdupois)/in.^{3}	=1730.0 kg/m^3	Density of water (4°C)	=999.97 kg/m^3
1 lb/ft^3	=16.018 kg/m^3	Density of mercury (0°C)	=13595 kg/m^3
1 lb/in.^{3}	=27680 kg/m^3	Solar mass / cubic parsec	$=6.770\times10^{-20}$ kg/m^3
1 lb/gal (U.S. liquid)	=119.83 kg/m^3	STP gas density for	
1 ton (long) / yd^3	=1328.9 kg/m^3	molecular weight M_0	=0.044615 M_0 kg/m^3

9. 속도

1 ft/s	=0.3048 m/s	1 AU per year	=4.7406 km/s
1 in/s	=0.0254 m/s	1 parsec per year	=9.7781×10^{8} m/s
1 km/h	=0.27778 m/s	Electron in Bohr orbit	=2.1877×10^{8} m/s
1 knot	=0.51444 m/s	1 eV electron	=5.9309×10^{6} m/s
1 mi/h	=0.44704 m/s	Angular velocity of Earth	
1 mi/s	=1609.3 m/s	on irs axis	=7.2921×10^{-5} rad/s
1 mi/h	=1.6093 km/s	Mean angular velocity of	
Velocity of light(C)	=2.9979×10^{8} m/s	Earth in its orbit	=1.9910×10^{-7} rad/s

10. 가속도

1 ft/s^{2}	=0.3048 m/s^{2}	1 gal	=0.01 m/s^{2}
Standard gravity(g)	=9.80665 m/s^{2}		

*The gal is a special unit empoloyed in geodesy and geophysics to express the acceleration 열 새 gravity.

11. 점성

1 centipoise	=1×10^{-3}Pa·s	1 lb/ft·s	=1.4882 Pa·s
1 centistokes	=1×10^{-6}m^{2}/s	1 lbf·s/ft^{2}	=47.880 Pa·s
1 ft^{2}/s	=0.092030m$^{2/s}$	1 lbf·s/in^{2}	=6894.8 Pa·s
1 poise	=0.1 Pa·s	1 rhe	=10(Pa·s)$^{-1}$
1 poundal·s/ft^{2}	=1.4882 Pa·s	1 slug/ft·s	=47.880 Pa·s
1 lb/ft·h	=4.1338×10^{-4} Pa·s	1 stokes	=1×10^{-4}m^{2}/s

12. 열

Thermal conductivit k :		Thermal diffusivity :	
1 Btu·ft/h·ft^{2}·°F	=1.7926 W/m·k	1 ft^{2}/h	=2.5806×10^{-5}m^{2}/s
		1 Btu·in/s·ft^{2}·°F	=518.87 W/m·k
		1 cal/s	=4.184 W
Heat capacity			
1 Btu·lb·°F	=4184 J/kg·K		
1 cal/g·°C	=4184 J/kg·K	Thermal resistivity	
		1°F·h·ft/Btu·in	=6.9381 K·m/W
Thermal resistance R			
1 °F·h·ft^{2}/Btu	=0.17623 K·m^{2}/W		

13. 일 률

1 Btu(int.)/h	=0.29307 W	1 ft·lbf/h	=3.7662×10^{-4}W
1 Btu(int.)/s	=1055.1 W	1 horsepower(550ft·lbf/s)	=745.70 W
1 Btu(thermochem.)/h	=0.29288 W	1 horsepower(boiler)	=9809.5 W
1 cal(thermochem.)/s	=4.184 W	1 horsepower(electric)	=746 W
1 force de cheval	=735.5 W	1 horsepower(metric)	=735.50 W
1 erg/s	=1×10^{-7} W	1 horsepower(water)	=746.04 W

14. 압력, 변형력(힘/단위면적)

1 atmosphere(standard)	=101325Pa	1 inch of water(39.2°F)	=249.08Pa
1 atmosphere(technical)	=98066.5Pa	1 kgf/cm^2	=98066.5Pa
=1Kgf/cm^2		1 kip/in^2(ksi)	=6.8948×106Pa
1 bar	=100000Pa	1 millibar	=100Pa
1 cm Hg(0℃)	=1333.2Pa	1 newton/cm^2	=10000Pa
1 centimeter of water(4℃)	=98.064Pa	1 poundal/ft^2	=1.4882Pa
1 dyne/cm^2	=0.1Pa	1 lbf/ft^2	=47.880Pa
1 foot of water(39.2℃)	=2989.0Pa	1 lbf/in^2(psi)	=6894.8Pa
1 gf/cm^2	=98.0665Pa	1 torr(mm Hg, 0℃)	=133.32Pa
1 inch of mercury(32°F)	=3386.4Pa		

15. 힘

1dyne	=1×10^{-5}N	1 lbf/lb(thrust/weight	
1kilogram-force	=9.80665N	[mass] ratio)	=9.80665m·s^{-2}
1kip(1000lbf)	=4448.2N	1 poundal	=0.13825N
1ounce-force	=0.27801N	1 ton-force(2000lbf)	=8896.4N
1pound-force(lbf)	=4.4482N	Proton-electron attraction at distance a_0	=8.2387×10^{-8}N

16. 에너지

1 Btu	=1054.4J	1 Btu(60°F)	=1054.7J
1 Btu(mean)	=1055.9J	1 calorie	=4.184J
1 Btu(39°F)	=1059.7J	1 calorie(mean)	=4.1900J
1 calorie(15℃)	=4.1858J	1 ton(equivalent of TNT)	=4.184×10^{9}J
1 calorie(20℃)	=4.1819J	1 watt hour(W·h)	=3600J
1 kilocalorie	=4184J	1 watt second(W·h)	=1J
1 electron vol : (eV)	=1.6022×10^{19}J	Energy of unit wave number (hc)	=1.9864×10^{-25}J
1 erg	=1×10^{-7}J	Mass energy of unit	
1 foot-pound(ft·lbf)	=1.3558J	atomic weight	=1.4924×10^{-10}J
1 foot-poundal	=0.042140J		
1 kilowatt hour(kW·h)	=3.6×10^{6}J		

*Btu=British thermal unit(thermochemical),
1 Btu(International Table) = 1.00067Btu(thermochemical) : cal=-calorie(thermochemical),
1 cal(International Table) = 1.00067cal(thermochemical) : J = joule : W = watt

17. 전기, 자기

1 ampere hour	=3600	1 statohm	$=8.9876\times10^{11}\Omega$
1 emu of capacitance	$=1\times10^{8}$F	1 statvolt	=199.79V
1 emu of current	=10A	1 unit pole	$=1.2566\times10^{-7}$Wb
1 emu of electric potential	$=1\times10^{-8}$V	Potencial of electron at 1st Bohr orbit	=27.211V
1 emu of inductance	$=1\times10^{-9}$H	Ionization potential from 1st Bohr orbit	=13.606V
1 emu of resistance	$=1\times10^{-9}\Omega$	Nuclerar electric field at 1st Bohr orbit	$=5.1422\times10^{11}$V/m
1 esu of capacitance	$=1.1127\times10^{-12}$F	Current in 1st Bohr orbit	$=3.5051\times10^{-13}$A
1 esu of current	$=3.3356\times10^{-10}$A	Dipole moment of nuclus and electron in 1st Bohr orbit	$=8.4784\times10^{-30}$C · m
1 esu of electric potential	$=2.9979\times10^{2}$V	Magnetic field, atomic unit	=1715.3T
1 esu of inductance	$=8.9876\times10^{11}$H	Field at nucleus due to electron in 1st Bohr orbit	$=9.9606\times10^{6}$A/m
1 esu of resistance	$=8.9876\times10^{11}\Omega$	Magnetic moment, atomic unit	$=2.542\times10^{-21}$J/T
1 faraday(dased on ^{12}C)	$=9.6486\times10^{4}$C		
1 gamma	$=1\times10^{-9}$T		
1 gauss	$=1\times10^{-4}$T		
1 gilbert	$=7.9577\times10^{-1}$A (amp, turns)		
1 maxwell	$=1\times10^{-8}$Wb		
1 mho	=1S		
1 oersted	=79.577A/m		

*A=ampere, C-coulomb, F=farad, H=henry, Ω=ohm, S=siements, V=volt, T=tesla, Wb=weber.

18. 주파수

1 hertz(Hz)	=1 cycle/s	Frequency of free electron = $(2.7992\times1010\text{Hz}\cdot\text{T}^{-1})$B in magnetic field B
Rydberg frequency(cRx)	=3.2898×1015Hz	Plasma frequency associated with electron density Ne = $(80.617\text{m}^{3}\cdot\text{Ne})^{1/2}$Hz
Frequency of 1st Bohr orbit(2cRx)	=6.5797×1015Hz	

19. 빛

1 apostillb	=1 lm/m^2 for perfectly diffusing surface	1 foot-iambert	=3.4263cd/m^2
		1 lambert	=3183.1cd/m^2
1 cd/in^2	=1550.0cd/m^2	1 stilb(sb)	=10000cd/m^2
1 foot-candle	=10.764lx	1 phot	=10000lx

*cd=candela, lm=lumen, 1lumen=luminous flux corresponding to(1/683) W at 540 THz, lx=lux

부 록 3 물질의 특성

원소의 주기율표

(1998년 IUPAC 권장값)

원자 번호 / 원소 기호 / 원소 이름 / 원자량

금속 원소 / 비금속 원소 / 전이 원소

붉은색 글자 : 상온에서 기체
푸른색 글자 : 상온에서 액체
검은색 글자 : 상온에서 고체

주기 \ 족	1	2	3	4	5	6	7	8	9	10	11	12	13	14	15	16	17	18
1	1 H 수소 1.0079																	2 He 헬륨 4.0026
2	3 Li 리튬 6.941	4 Be 베릴륨 9.0122											5 B 붕소 10.811	6 C 탄소 12.011	7 N 질소 14.007	8 O 산소 15.999	9 F 플루오르 18.998	10 Ne 네온 20.180
3	11 Na 나트륨 22.990	12 Mg 마그네슘 24.305											13 Al 알루미늄 26.982	14 Si 규소 28.086	15 P 인 30.974	16 S 황 32.065	17 Cl 염소 35.453	18 Ar 아르곤 39.948
4	19 K 칼륨 39.098	20 Ca 칼슘 40.078	21 Sc 스칸듐 44.956	22 Ti 티탄 47.867	23 V 바나듐 50.942	24 Cr 크롬 51.996	25 Mn 망간 54.938	26 Fe 철 55.845	27 Co 코발트 58.933	28 Ni 니켈 58.693	29 Cu 구리 63.546	30 Zn 아연 65.409	31 Ga 갈륨 69.723	32 Ge 게르마늄 72.64	33 As 비소 74.922	34 Se 셀렌 78.96	35 Br 브롬 79.904	36 Kr 크립톤 83.798
5	37 Rb 루비듐 85.468	38 Sr 스트론튬 87.62	39 Y 이트륨 88.906	40 Zr 지르코늄 91.224	41 Nb 니오브 92.906	42 Mo 몰리브덴 95.94	43 Tc 테크네튬 (98)	44 Ru 루테늄 101.07	45 Rh 로듐 102.91	46 Pd 팔라듐 106.42	47 Ag 은 107.87	48 Cd 카드뮴 112.41	49 In 인듐 114.82	50 Sn 주석 118.71	51 Sb 안티몬 121.76	52 Te 텔루르 127.60	53 I 요오드 126.90	54 Xe 크세논 131.29
6	55 Cs 세슘 132.91	56 Ba 바륨 137.33	57 La 란탄 138.91	72 Hf 하프늄 178.49	73 Ta 탄탈 180.95	74 W 텅스텐 183.84	75 Re 레늄 186.21	76 Os 오스뮴 190.23	77 Ir 이리듐 192.22	78 Pt 백금 195.08	79 Au 금 196.97	80 Hg 수은 200.59	81 Tl 탈륨 204.38	82 Pb 납 207.2	83 Bi 비스무트 208.98	84 Po 폴로늄 (209)	85 At 아스타틴 (210)	86 Rn 라돈 (222)
7	87 Fr 프랑슘 (223)	88 Ra 라듐 (226)	89 Ac 악티늄 (227)	104 Rf 러더포듐 (261)	105 Db 더브늄 (262)	106 Sg 시보귬 (263)	107 Bh 보륨 (264)	108 Hs 하슘 (265)	109 Mt 마이트너륨 (268)									

란탄족	58 Ce 세륨 140.12	59 Pr 프라세오디뮴 140.91	60 Nd 네오디뮴 144.24	61 Pm 프로메튬 (145)	62 Sm 사마륨 150.36	63 Eu 유로퓸 151.96	64 Gd 가돌리늄 157.25	65 Tb 테르븀 158.93	66 Dy 디스프로슘 162.50	67 Ho 홀뮴 164.93	68 Er 에르븀 167.26	69 Tm 툴륨 168.93	70 Yb 이테르븀 173.04	71 Lu 루테튬 174.97
악티늄족	90 Th 토륨 232.04	91 Pa 프로트악티늄 231.04	92 U 우라늄 238.03	93 Np 넵투늄 (237)	94 Pu 플루토늄 (244)	95 Am 아메리슘 (243)	96 Cm 퀴륨 (247)	97 Bk 버클륨 (247)	98 Cf 칼리포르늄 (251)	99 Es 아인시타이늄 (252)	100 Fm 페르뮴 (257)	101 Md 멘델레븀 (258)	102 No 노벨륨 (259)	103 Lr 로렌슘 (262)

(괄호 안에 있는 원자량은 알려진 동위 원소 중에서 수명이 가장 긴 것의 질량이다.)

부 록 4

중성원자의 바닥상태에 대한 전자배열, 바닥준위 및 이온화에너지

원자번호	원소	바닥상태의 전자배열	바닥준위	이온화 에너지(eV)
1	H	1s	$^2S_{1/2}$	13.598
2	He	$1s^2$	$^1S_0$	24.588
3	Li	[He]2s	$^1S_{1/2}$	5.392
4	Be	$[He]2s^2$	$^1S_0$	9.322
5	B	[Be]2p	$^2P_{1/2}$	8.298
6	C	$[Be]2p^2$	$^3P_0$	14.260
7	N	$[Be]2p^3$	$^4S_{3/2}$	11.534
8	O	$[Be]2p^4$	$^3P_2$	13.618
9	F	$[Be]2p^5$	$^2P_{3/2}$	17.422
10	Ne	$[Be]2p^6$	$^1S_0$	21.564
11	Na	[Ne]3s	$^2S_{1/2}$	5.139
12	Mg	$[Ne]3s^2$	$^1S_0$	7.646
13	Al	[Mg]3p	$^2P_{1/2}$	5.986
14	Si	$[Mg]3p^2$	$^3P_0$	8.151
15	P	$[Mg]3p^3$	$^4S_{3/2}$	10.468
16	S	$[Mg]3p^4$	$^3P_2$	10.360
17	Cl	$[Mg]3p^5$	$^2P_{3/2}$	12.967
18	Ar	$[Mg]3p^6$	$^1S_0$	15.759
19	K	[Ar]4s	$^2S_{1/2}$	4.341
20	Ca	$[Ar]4s^2$	$^1S_0$	6.113
21	Sc	[Ca]3d	$^2D_{3/2}$	6.562
22	Ti	$[Ca]3d^2$	$^3F_2$	6.820
23	V	$[Ca]3d^3$	$^4F_{3/2}$	6.740
24	Cr	$[Ar]3d^5s$	$^7S_3$	6.766
25	Mn	$[Ca]3d^5$	$^6S_{5/2}$	7.437
26	Fe	$[Ca]3d^6$	$^5D_4$	7.870
27	Co	$[Ca]3d^7$	$^4F_{9/2}$	7.864
28	Ni	$[Ca]3d^8$	$^3F_4$	6.638
29	Cu	$[Ar]3d^{10}4s$	$^2S_{1/2}$	7.478
30	Zn	$[Ca]3d^{10}$	$^1S_0$	9.394
31	Ga	[Zn]4p	$^2P_{1/2}$	5.999
32	Ge	$[Zn]4p^2$	$^3P_0$	7.899
33	As	$[Zn]4p^3$	$^4S_{3/2}$	9.81
34	Se	$[Zn]4p^4$	$^3P_2$	9.752
35	Br	$[Zn]4p^5$	$^2P_{3/2}$	11.814
36	Kr	$[Zn]4p^6$	$^1S_0$	13.999
37	Rb	[Kr]5s	$^2S_{1/2}$	4.177
38	Sr	$[Kr]5s^2$	$^1S_0$	5.695
39	Y	[Sr]4d	$^2D_{3/2}$	6.22
40	Zr	$[Sr]4d^2$	$^3F_2$	6.84
41	Nb	$[Kr]4d^45s$	$^6D_{1/2}$	6.88

원자번호	원소	바닥상태의 전자배열	바닥준위	이온화 에너지(eV)
42	Mo	$[Kr]4d^5 5s$	$^7S_3$	7.099
43	Tc	$[Sr]4^5 d$	$^6S_{5/2}$	7.28
44	Ri	$[Kr]4d^7 5s$	$^5F_5$	7.37
45	Rh	$[Kr]4d^8 5s$	$^4F_{9/2}$	7.46
46	Pd	$[Kr]4d^{10}$	$^1S_0$	8.34
47	Ag	$[Pd]5s$	$^2S_{1/2}$	7.576
48	Cd	$[Pd]5s^2$	$^1S_0$	8.993
49	In	$[Cd]5p$	$^2P_{1/2}$	5.786
50	SN	$[Cd]5p^5$	$^3P_0$	7.344
51	Sb	$[Cd]5p^3$	$^4S_{3/2}$	8.641
52	Te	$[Cd]5p^4$	$^3P_2$	9.009
53	I	$[Cd]5p^5$	$^2P_{3/2}$	10.451
54	Xe	$[Cd]5p^6$	$^1S_0$	12.130
55	Cs	$[Xe]6s$	$^2S_{1/2}$	3.894
56	Ba	$[Xe]6s^2$	$^1S_0$	5.212
57	La	$[Ba]5d$	$^2D_{3/2}$	5.577
58	Ce	$[Ba]4f5d$	$^1G_4$	5.466
59	Pr	$[Ba]4f^3$	$^4I_{9/2}$	5.422
60	Nd	$[Ba]4f^4$	$^5I_4$	5.489
61	Pm	$[Ba]4f^5$	$^6H_{5/2}$	5.554
62	Sm	$[Ba]4f^6$	$^7F_0$	5.631
63	Eu	$[Ba]4f^7$	$^8S_{7/2}$	5.666
64	Gd	$[Ba]4f^7 5d$	$^9D_2$	6.141
65	Tb	$[Ba]4f^9$	$^6H_{15/2}$	5.852
66	Dy	$[Ba]4f^{10}$	$^5I_8$	5.927
67	Ho	$[Ba]4f^{11}$	$^4I_{15/2}$	6.018
68	Er	$[Ba]4f^{12}$	$^3H_6$	6.101
69	Tm	$[Ba]4f^{13}$	$^2F_{7/2}$	6.184
70	Yb	$[Ba]4f^{14}$	$^1S_0$	6.254
71	Lu	$[Yb]5d$	$^2D_{3/2}$	5.426
72	Hf	$[Yb]5d^2$	$^2F_2$	6.65
73	Ta	$[Yb]5d^3$	$^4F_{3/2}$	7.89
74	W	$[Yb]5d^4$	$^5D_0$	7.98
75	Re	$[Yb]5d^5$	$^6S_{5/2}$	7.88
76	Os	$[Yb]5d^6$	$^5D_4$	8.7
77	Ir	$[Yb]5d^7$	$^4F_{9/2}$	9.1
78	Pt	$[Xe]4f^{14}5d^9 6s$	$^3D_3$	9.0
79	Au	$[Xe]4f^{14}5d^{10}6s$	$^2S_{1/2}$	9.225
80	Hg	$[Yb]5d^{10}$	$^1S_0$	10.432
81	Tl	$[Hg]6p$	$^2P_{1/2}$	6.108
82	Pb	$[Hg]6p^2$	$^3P_0$	7.416
83	Bi	$[Hg]6p^3$	$^4S_{3/2}$	7.289
84	Po	$[Hg]6p^4$	$^4P_2$	8.42
85	At	$[Hg]6p^5$	$^2P_{3/2}$	8.8

원자번호	원소	바닥상태의 전자배열	바닥준위	이온화 에너지(eV)
86	Rn	[Hg]$6p^6$	$^1S_0$	10.748
87	Fr	[Rn]7s	$^2S_{1/2}$	3.8
88	Ra	[Rn]$7s^2$	$^1S_0$	5.279
89	Ac	[Ra]6d	$^2D_{3/2}$	5.17
90	Th	[Ra]$6d^2$	$^3F_2$	6.08
91	Pa	[Rn]$5f^2(^3H_4)6d7s^2$	$^4K_{11/2}$	5.89
92	U	[Rn]$5f^3(^4I_{9/2})6d7s^2$	$^5L_6$	6.05
93	Np	[Rn]$5f^4(^5I_4)6d7s^2$	$^6L_{11/2}$	6.19
94	Pu	[Ra]$5f^6$	$^7F_0$	6.06
95	Am	[Ra]$5f^7$	$^8S_{7/2}$	5.993
96	Cm	[Rn]$5f^7(^8S_{1/2})6d7s^2$	$^9D_2$	6.02
97	Bk	[Ra]$5f^9$	$^6H_{15/2}$	6.23
98	Cf	[Ra]$5f^{10}$	$^5I_8$	6.30
99	Es	[Ra]$5f^{11}$	$^4I_{15/2}$	6.42
100	Fm	[Ra]$5f^{12}$	$^3H_6$	6.50
101	Md	[Ra]$5f^{13}$	$^2F_{7/2}$	6.58
102	No	[Ra]$5f^{14}$	$^1S_0$	6.65
103	Lr	[No]6d	$^2P_{1/2}$	8.6

[a]Ground state configurations of elements with filled eletron subshells-indicatedby their respective element symbols in square braketsare used for abbreviation. For example, [Mg]=[Ne]$3s^2$=[Be]$2p^6 3s^2$=[He]$2s^2 2p^6 3s^2$=$1s^2 2s^2 2p^6 3s^2$

부 록 5 몇 가지 핵종의 성질

핵종	반감기 또는 존재비(%)	질량 과잉 (Me V)	스핀-방전성	자기 쌍극자 모멘트(nm)	전자쌍극자 모멘트(b)
^{1}n	10.6m	8.071	1/2+	−1.9130421	
^{1}H	99.99%	7.289	1/2+	2.7928456	
^{2}H	0.02%	13.136	1+	0.8574376	0.002875
^{3}H	12.33y	14.95	1/2+	2.97896	
^{3}He	0.00%	14.931	1/2+	−2.127624	
^{6}Li	7.50%	14.087	1+	0.8220467	−0.000644
^{7}Li	92.50%	14.908	3/2−	3.256424	−0.0366
^{12}C	98.90%	0	0+		
^{9}Be	100%	11.348	3/2−	−1.1778	0.053
^{10}B	20%	12.052	3+	1.80065	0.0847
^{14}N	99.63%	2.863	1+	0.4037607	0.016
^{19}F	100%	−1.487	1/2+	2.628866	
^{23}Na	100%	−9.53	3/2+	2.21752	0.101
^{27}Al	100%	−17.194	5/2+	3.641504	0.14
^{36}Cl	$3x10^{5}y$	−29.522	2+	1.28547	−0.018
^{30}Br	17.6m	−75.891	1+	0.514	0.199
^{99}Tc	$2.14x10^{5}y$	−87.326	9.2+	5.6847	0.34
^{138}La	$1.1x10^{11}y$, 0.09%	−86.524	5+	3.7139	0.51
^{176}Lu	$3.6x10^{10}y$, 2.60%	−53.381	7−	3.19	8
^{181}Ta	99.99%	−48.425	7/2+	2.37	3.9
^{197}Hg	64.1h	−30.735	1/2−	0.527374	
^{198m}Hg	23.8h	−30.436	13/2+	−1.027684	1.47
^{235}U	$7.038x10^{6}y$, 0.72%	40.916	7/2+	−0.35	4.55
^{239}Pu	$2.41x10^{4}y$	48.585	1/2+	0.203	
^{241}Am	433y	52.932	5/2−	1.61	4.9

부 록 6 금속의 물리적 성질

1.원소

원자번호 Z와 원소기호		원소명 (물질명)	밀도ρ (20°C) [g/cm^3]	탄성률 [$10^{10}N/m^2=10^{11}dyn/cm^2$] Young률 Y	음속 v [m/s]	선팽창계수 α (0°~100°C) [$10^{-5}K^{-1}$]
Z						
30	Zn	아연	7.14	9.3	3700	2.62
13	Al	알루미늄	2.70	7.0	5100	2.4
51	Sb	안티몬	6.67	7.8	3400	1.1
92	U	우라늄	18.7	13	–	–
48	Cd	카드뮴	8.64	7.1	2310	3.2
20	Ca	칼슘	1.55	2.0	–	2.2
79	Au	금	19.3	8.0	1740	1.4
47	Ag	은	10.50	7.9	2610	1.9
24	Cr	크롬	7.1	2.5	–	0.85
27	Co	코발트	8.8	21	4720	1.3
80	Hg	수은	13.55	–	–	18(채팽창)
50	Sn	주석	7.31	5.5	2600	2.7
74	W	텅스텐	19.3	36	–	0.43
73	Ta	탄탈	16.6	19	3400	0.65
26	Fe	철	7.86	22	5130	1.2
29	Cu	구리	8.93	21	3560	1.6
11	Na	나트륨	0.97	–	–	7.1
82	Pb	연	11.34	1.5	1320	2.9
28	Ni	니켈	8.9	20	4970	1.3
78	Pt	백금	21.37	16.5	2690	0.90
83	Bi	창연	9.8	3.2	1800	1.3
4	Be	베릴륨	1.84	30	–	1.2
12	Mg	마그네슘	1.74	4.4	4600	2.6
42	Mo	몰리보텐	10.2	–	–	0.49

2.합금

알류미늄 청동(5% Al)	8.1	12	–	1.8
듀랄루민	2.8	7.2	–	2.4
주철	7.2~5.7	10	–	1.1
인발	8.1	14.5	–	0.20
놋쇠(황동)	8.4	10.5	–	2.1
양은 (18% Ni)	8.7		–	1.7
연철	7.6	22	–	–
강철(0.85% C)	7.8	20	–	1.15
석청동(10% Sn)	8.9	10~12	–	1.9

비열(20℃)			녹는점	녹음열	열전도도(20℃)		저항률ρ (20°C) [10^{-2}Ω mm^2/m]	저항의 온도계수 [$10^{-3}K^{-1}$]	원자번호 Z
[kJ/kg·K]	[cal/g·K]	[℃]	[k.J/kg]	[cal/g]	[10^2W/m.k]	[cal/cm·s·K]			
0.39	0.092	419	112	27	1.1	0.26	5.8	3.7	30
0.90	0.21	658	390	93	2.2	0.52	2.7	4.3	13
0.21	0.050	630	163	39	0.18	0.042	41.7	4.7	51
0.12	0.028	1130	-	-	-	-	-	-	92
0.23	0.055	321	57	13.7	0.92	0.22	7.46	4.2	48
0.65	0.16	840	328	79	-	-	4.5	3.3	20
0.13	0.031	1063	66	15.8	3.0	0.72	2.21	4.0	79
0.23	0.056	961	105	25	4.2	1.01	1,59	3.8	47
0.45	0.11	1890	≈300	≈70	0.43	0.10	2.8	-	24
0.42	0.10	1490	260	62	0.70	0.17	6.8	6.6	27
0.14	0.033	-38.9	1107	2.8	-	-	95.8	0.89	80
0.23	0.054	232	59	-	0.65	0.16	11.5	4.6	50
0.13	0.032	3370	≈200	≈50	1.7	0.41	5.51	4.5	74
0.14	0.033	2996	-	-	0.54	0.13	15.5	3.1	73
0.45	0.107	1540	276	66	0.75	0.18	10.5	6.6	26
0.39	0.092	1083	205	49	3.9	0.93	1.72	3.9	29
1.25	0.30	98	115	27	1.3	0.31	4.6	5.5	11
0.13	0.031	327	24.7	5.9	0.34	0.083	20.7	4.2	82
0.45	0.108	1450	300	72	0.70	0.17	7.8	6.7	28
0.13	0.320	1773	110	26	0.71	0.17	10.8	3.8	78
0.12	0.029	271	54	14	0.09	0.021	119.	4.5	83
1.7	0.40	1350	-	-	1.7	0.40	6.3	0.4	4
1.02	0.25	651	209	50	1.7	0.41	4.6	4.0	12
0.26	0.062	2620	-	-	1.4	0.33	5.7	4.0	12
							성분(중량비)		
0.42	0.10	1060	-	-	0.84	0.20	94.6Cu. 5Al. 0.4Mn		
0.93	0.22	≈650	-	-	1.6	0.38	3~4Cu. 0.5Mg.0.25~1 Mn.나머지 Al		
0.50	0.12	≈1200	-	-	0.3~0.5	0.07~0.12	4C까지		
0.50	0.12	1450	-	-	0.16	0.039	64 Fe. 36 Ni		
0.38	0.091	915	-	-	0.15	0.27	73 Cu. 37 Zn		
0.40	0.096	1100	-	-	0.23	0.055	60 Cu. 18 Ni. 22 Zn		
-	-0.11	-	-	-	0.6	0.14	0.04~0.4C		
0.46	0.091	≈1350	-	-	≈0.45	≈0.11	0.85C		
0,38		1010	-	-	0.46	0.11	90.75Cu. 8Sn. 0.25P		

부 록 7 액체의 물리적 성질

물질명	화학식	밀도ρ (20℃) [g/cm²]	점성계수η (20℃) [10^{-3}N·s/m²=cP]	표면장력 (20℃) [dyn/cm=10^{-3}N/m]	체팽창계수β (20℃~100℃) [$10^{-3}K^{-1}$]	비열C (20~100℃)		열전도도(20℃)		녹는점	녹음열		끓는점	증발열		비유전율	굴절율
						[kJ/kg·K]	[cal/g·K]	[W/m·K]	[10^{-4}cal/cm·s·K]	[℃]	[kJ/kg]	[cal/g]	[℃]	[kg/kg]	[cal/g]	ε	(D선589 mm)
아세톤	$(CH_3)_2 \cdot CO$	0.791	0.337	23.3	1.43	2.17	0.52	0.180	4.31	-96	98	23.5	-	509	121.6	21.5	1.359
아닐린	$C_6H_5 \cdot NH_2$	1.030	4.6	4.3	0.85	2.05	0.49	0.17	4.1	-6	88	21	184	435	104	7.0	1.586
에틸알코올	C_2H_5OH	0.791	1.25	22	1.10	2.43	0.58	0.181	4.33	-115	102	24.3	78	841	201	26	1.360
에틸에델	$(C_2H_5)_2O$	0.716	0.238	17	1.62	2.30	0.55	0.138	3.30	-116	113	27	35	377	0	4.3	1.353
올리브유	---	0.915	90	-	0.72	1.67	0.40	0.167	4.0	-	-	-	-	-	-	3.1	-
크실렌	$C_6H_4(CH_3)_2$	0.870	0.69	29	0.99	1.67	0.40	-	-	54	109	26	139	339	81	2.4	1.500
글리세린	$C_3H_5(OH)_3$	1.270	1500	63	0.505	2.43	0.58	0.285	6.81	18	176	42	290	-	-	56	1.473
클로로포롬	$CHCl_3$	1.498	0.58	27	1.27	0.96	0.23	0.121	2.89	-64	-	-	61	225	61	5.5	1.446
초산에틸	$CH_1 \cdot COO$	0.900	0.424	23	1.35	2.01	0.48	0.15	3.6	-84	107	25.6	77	368	88	6.1	1.372
사염화탄소	CCl_4	1.596	1.01	26	1.22	0.84	0.20	0.10	2.5	-23	18	4.2	77	193	46	2.2	1.453
취소	Br_2	3.14	1.01	44	1.12	0.46	0.11	-	-	-7	68	16.2	59	180	43	3.2	1.661
수은	Hg	13.55	1.57	500	0.181	0.147	0.035	10.5	250	-39	11.8	2.82	357	301	72	-	-
트리클로로 에틸렌	C_2HCl_3	1.480	1.2	32	1.19	0.96	0.23	-	-	-86	-	-	87	239	57	-	1.481
톨루엔	$C_6H_5 \cdot CH_3$	0.800	0.6	29	1.09	1.72	0.41	0.15	3.6	-95	71	17	111	356	85	2.4	1.496
니트로벤젠	$C_6H_5NO_2$	1.210	-	23	0.83	1.47	0.35	0.163	3.90	5.7	92	22	210	331	79	36	1.553
이황화탄소	CS_2	1.261	0.38	32	1.22	1.00	0.24	0.143	3.42	-112	-	-	46	351	84	-6	1.628
피마자기롬	---	0.961	>5000	-	0.69	1.80	0.43	0.184	4.4	-	-	-	-	-	-	4.6	1.48
벤젠	C_5H_6	0.881	0.673	29	1.15	1.71	0.41	0.139	3.33	5.5	127	30.4	80	393	94	2.3	1.501
물	H_2O	0.999	1.06	73	0.18	4.18	0.999	0.560	13.4	0	333	79.5	100	2260	539	81	1.333
메틸알코올	CH_3OH	0.793	0.60	23	1.20	2.48	0.58	0.21	5.0	-98	92	22	65	1109	265	32	1.331
황산	H_2SO_4	1.85	28	-	0.56	1.38	0.33	-	-	-	-	-	326	511	122	-	-
글리콜	$(CH_2OH)_2$	1.116	-	48	-	0.58	0.58	-	-	17	201	48	197	800	191	41	1.427

부 록 8 기체의 물리적 성질

물질명	화학식	밀도 ρ10℃ 101.3kPa (=1.013bar) [kg/m³]	점성계수(0℃) [0^{-6}N·s/m2] (=10−1cP)	비열(10℃)			논는점 |℃|	녹음열 [kJ/kg]	녹는점 [101.3kPa](=1.013bar)|℃|	기화일 [MJkg (=10^6J/kg)]	임계온도|℃|	임계압 [100kPa =bar]	열전도도	
				Cp[kJ/kg·K]	Cv[cal/K]	$\frac{C_p}{C_v}$							[w/m]	[10^{-1}cal/ cm·s·K]
아세틸렌	C_2H_2	1.171	10.2	1.68	0.420	1.26	-82	-	-84	0.69	36	63	0.019	0.80
아르곤	Ar	1.784	21.2	0.52	0.125	1.66	-189	29	-186	1.16	-122	49	0.016	0.67
암모니아	NH_3	0.771	9.3	2.06	0.492	1.32	-78	332	-3.3	1.37	132	119	0.022	0.92
일산화탄소	CO	1.250	16.4	1.05	0.250	1.40	-205	29	-192	1.21	-139	36	0.023	0.96
에탄	C_2H_6	1.356	8.6	1.72	0.411	1.22	-184	95	-89	0.49	32	49	0.018	0.75
염산	HCl	1.639	13.8	0.81	0.194	1.41	-122	-	-84	0.44	52	82	-	-
염소	Cl_2	3.214	12.3	0.49	0.117	1.36	-102	90	-34	0.29	144	84	0.0076	0.32
오존	O_3	2.22	-	-	-	1.29	-193	-	-112	0.25	-5	70	-	-
크세논	Xe	5.89	22.6	-	-	1.66	-112	18	-108	0.10	17	58	0.0052	0.22
공기	-	1.293	17.1	1.00	0.241	1.40	-	-	-193	0.21	-141	38	0.024	1.01
크립톤	Kr	3.74	23.3	-	-	1.68	-157	20	-152	0.11	-63	55	0.0087	0.36
이산화질소	N_2O	1.978	14.0	0.89	0.212	1.28	-91	-	-89	0.38	39	73	0.015	0.64
산소	O_2	1.429	19.4	0.92	0.219	1.40	-218	14	-183	0.21	-119	51	0.025	1.03
시인	$(CN)_2$	2.32	9.3	1.71	1.41	1.26	-34	-	-21	0.043	128	61	-	-
충수소	D_2	0.180	-	-	-	1.73	-255	-	-250	0.31	-235	17	-	-
수소	H_2	0.0899	8.5	14.3	3.41	1.41	-0259	59	-253	0.45	-230	20	0.474	7.30
질소	N_2	1.250	16.7	1.04	0.249	1.40	-210	26	-196	0.20	-147	33	0.024	1.02
이산화황	SO_2	2.926	11.7	0.64	0.152	1.27	-73	-	-10	0.39	158	78	0.081	0.35
이산화탄소	CO_2	1.977	13.9	0.82	0.196	1.31	-57	181	-78.5	0.57	31	73	0.014	0.59
네온	Ne	0.900	2938	1.03	0.246	1.64	-249	17	-216	0.13	-229	27	0.046	1.92
일산화탄소	NO	1.340	18.0	1.00	0.239	1.40	-164	-	-152	0.46	-93	65	0.024	1.00
에틸렌	C_2H_4	1.260	9.6	1.50	0.36	1.24	-169	105	-104	0.48	10	51	0.017	0.71
불소	F_2	1.695	-	0.75	0.179	-	-223	-	-188	0.17	-129	57	-	-
프로핀	C_3H_8	2.02	7.5	1.53	-	1.13	-190	-	-42	0.43	97	42	0.015	0.79
헬륨	He	0.1787	18.6	5.1	1.25	1.66	-272.2	-	-268.9	0.021	-267.9	2.3	0.144	6.10
에탄	CH_4	0.717	10.2	2.21	0.527	1.31	-18.3	109	-161	0.51	-83	46	0.030	1.26
황화수소	H_2S	1.539	11.6	1.05	0.250	1.32	-8.3	-	-61	0.55	100	89	0.013	0.54

부 록 9 비금속 재료의 물리적 성질

물질	밀도 (20°C) [kg/dm³]	탄성률(Young율) [10^{10}N/m²= 10^{11}dyn/cm²]	음속 v [m/s]	선팽창계수a (0°C~100°C) [$10^{-5}k^{-1}$]	비열c (20°C) [kJ/kg · K]	[cal/g · K]	녹는점 [°C]	녹음열 [kJ/kg]	열전도도(20°C) [W/m · k]
<원 소>									
황(단사정계)	1.96	-	-	12	0.74	0.177	119	46	0.20
셀레늄	4.8	-	-	0.37	0.38	0.091	217	35	-
탄소(흑연)	2.22	-	-	0.2	0.69	0.165	3550	17000	160
탄소(다이아몬드)	3.51	-	-	0.13	0.49	0.117	>3600	17000	165
인(황린)	1.83	-	-	12.4	0.79	0.181	44	22	-
<광물 및 광물제품>									
석면	0.58	-	-	-	0.81	0.201	-	-	0.20
운모	2.8	16~21	-	0.3	0.88	0.210	-	-	0.35~0.60
에타닛트	2.0	-	-	-	0.84	0.201	-	-	1.9
화강암	2.7	5	4000	0.83	0.80	0.191	-	-	3.5
콘크리트(건조)	1.5~2.4	2~4	-	≈1.2	0.90	0.215	-	-	106~1.8
석회암	2.6	-	-	-	0.84	0.201	-	-	0.7~0.9
대리석	2.7	3.5~5	3800	1.2	0.88	0.210	-	-	2.1~3.5
용융석영	2.2	-	-	0.04	0.71	0.170	-	-	0.22
벽돌	1.8	-	-	-	0.75	0.179	-	-	0.6
<화학제품>									
에보나이트	1.15	-	-	8.5	1.67	0.399	-	-	0.17
유리(창유리류)	2.5	4.5~10	4000~5000	0.8	0.84	0.201	-	-	0.9
사기	2.3~2.5	7~8	-	0.2~0.5	0.8	0.191	≈1600	-	1.0
스테아타이트	2.6~2.8	-	-	0.7~0.9	1.3	0.311	-	-	2.3
셀룰로이드	1.4	-	-	10	-	-	-	-	0.23
유기유리류	1.18	0.3	-	-	1.7	0.407	-	-	1.9
<목재 및 목재품>									
박달나무(섬유방향)	0.69	-	3800	0.5	-	-	-	-	0.29
(섬유에 수직)	0.69	-	-	5	-	-	-	-	0.16
참나무(섬유방향)	0.65	-	3400	-	-	-	-	-	0.17
종이	0.6~1.2	-	-	-	-	-	-	-	0.08~0.18
소나무(섬유방향)	0.52	-	3000	0.5	-	-	-	-	0.35
(섬유의수직)	0.52	-	-	3	-	-	-	-	0.14
화이바판(경질의것)	1.0	-	-	-	-	-	-	-	0.15
(다공질의 것)	0.3	-	-	-	-	-	-	-	0.06

부 록 10 여러 종류의 도체
저항률, 온도계수와 함께 20oC에 있어서의 값

	재료	규격 또는 성분	저항률 [$10^2\Omega\cdot mm^2/m$]	온도계수 [$10^{-3}K^{-1}$]	녹는점 [°C]	밀도 [g/cm^3]
도체	알루미늄	화학용	2.7	3.9	658	2.7
	카드뮴		7.46	3.7	321	8.64
	수은	공업용 전해철	95.8	0.91	-38.87	13.55
	철		10.5	5.76	1530	7.87
	구리		1.724	3.96	1083	8.0
	아연		6.25	3.8	419	7.15
	은		1.65	3.66	960	10.5
	텅스텐		5.5	4.5	3370	19.3
	백금		10.6	3.62	1773	21.4
탄소	탄소	전극	6000	-	-	1.5
	탄소	필라멘트	4000	-	-	1.5
	탄소	그라파이트결정	700-1200	-	-	2.2
저항체	크로막스 (Chromax)	15%Cr, 35%Ni, 나머지 Fe	100	0.031	1380	7.95
	니크롬 65/15	60-65%Ni, 15-19%Cr, 15-20%Fe, 2-4%Mn	100-115	0.18	1400	8.2
	니크롬 80/20	70-80% Ni, 20% Cr 1-3%Mn	100-110	0.18	1410	8.3
	양은	64%Cu, 18%Zu, 18%Ni	28	0.026	1110	8.72
특수합금	Ag-Mg 합금	91.22%Ag, 8.87%Mn	28	-1×10^{-3}	-	9.5
	콘스탄탄	54%Cu, 45%Ni, 1%Mn	50	±0.03	1270	8.9
	망가닝	86%Cu, 12Mn, 2%Ni	43	0.003-0.02	960	8.4

부 록 11 여러 종류의 절연체

재료	절연파괴의 세기 [kV/mm]	체적저항률 [Ω • m]	표면저항률 [Ω]	비유전률 50 Hz	비유전률 10^6Hz
운모	(120~240) (박막의 값)	10^{12}~10^{15}	10^{13}~1014(30) 약10^9(90)	---	6.8~8.0
유리(석영)	20~40	›10^{15}	약10^{15}(20) 약10^9(90)	3.5~4.0	3.5~4.0
유리(소오다석회)	-	10^9~10^{12}		8.0~9.5	5.0~8.0
스테아타이트사기	8~14	10^{11}~10^{13}		---	6.0~7.0
천연고무	20~30	10^{13}~10^{15}		2.7~4.0	---
파라핀	8~12	10^{14}~10^{17}	10^{15}(20) 10^{14}(90)	1.9~2.4	---
폴리에틸렌	18~28	›10^{14}	10^{15}(20) 10^{11}(90)	2.2~2.4	2.2~2.4

부 록 12 물의 밀도 (d)

t. ℃	d gm/ml	t. ℃	d gm/ml
0	0.99987	45	0.99025
3.98	1.00000	50	0.99807
5	0.99999	55	0.98573
10	0.99973	60	0.98324
15	0.99913	65	0.98052
18	0.99862	70	0.97781
20	0.99823	75	0.97489
25	0.99707	80	0.97183
30	0.99567	85	0.96865
35	0.99406	90	0.96534
38	0.99299	95	0.96192
40	0.99224	100	0.95838

부 록 13 음속

1. 기체 속에서의 음속

가스	화학식	0℃에서의 속도(m/s)
공기	…	331.45
암모니아	NH_3	415
아르곤	Ar	319
일산화탄소	CO	338
이산화탄소	CO_2	259.0
이황화탄소	CS_2	189
염소	Cl_2	206
에틸렌	C_2H_4	317
헬륨	He	965
수소	H_2	1284
발광가스	…	453
메탄	CH_4	430
네온	Ne	435
일산화질소	NO	325
질소	N_2	334
이산화질소	N_2O	263
산소	O_2	316
증기(134℃)	H_2O	494

2. 물속에서의 음속

온도(℃)	속도(m/s)
0	1402.3
20	1482.3
50	1542.5
70	1554.7
100	1543.0

부 록 14 열전기쌍의 온도와 기전력

(한 접점을 0℃로 유지하였을 때의 기전력[mV])

타전극의 온도 [℃]	동-콘스탄탄	천-콘스탄탄	니켈-크롬 (12.5% Cr)	크롬멜-아롬멜	백금-백금 로듐(10% Rh)	백금-백금 로듐(13% Rh)
-100	-3.35	-4.82	-	-3.49	-	-
10	0.39	0.52	0.33	0.40	0.06	0.06
20	0.79	1.05	0.66	0.80	0.11	0.11
30	1.19	1.58	1.0	1.20	0.17	0.17
100	4.28	5.40	3.3	4.10	0.64	0.65
200	9.29	10.99	6.6	8.31	1.43	1.47
300	14.86	16.56	9.9	12.21	2.31	2.40
400	20.87	22.07	13.2	16.39	3.24	3.40
500	-	27.58	16.7	20.64	4.22	4.46
600	-	33.27	20.2	24.90	5.22	5.56
700	-	39.30	23.7	29.14	6.26	6.72
800	-	45.72	27.2	33.31	7.33	7.92
900	-	52.29	30.9	37.36	8.43	9.18
1000	-	58.22	34.7	41.31	9.57	10.47
1100	-	-	38.6	45.14	10.74	11.82
1200	-	-	42.6	48.85	11.93	13.19
1300	-	-	-	52.41	13.13	14.58
1400	-	-	-	55.81	14.33	15.97
1500	-	-	-	-	15.55	17.36
1600	-	-	-	-	16.75	18.73
1700	-	-	-	-	17.95	20.09

부 록 15 일함수

원소	ϕ(eV)	원소	ϕ(eV)	원소	ϕ(eV)
Ag	4.26	Hf	3.90	Pt	5.65
(100)	4.64				
(110)	4.52	In	4.12		
(111)	4.74			Re	4.72
				(1011)	5.75
Al	4.28	Ir(110)	5.42		
(100)	4.41	(111)	5.76	Rh	4.98
(110)	4.06	(111)	5.67		
(111)	4.24	(210)	5.00	Ru	4.71
Au	5.1	K	2.30	Sc	3.5
(100)	5.47				
(110)	5.37	La	3.5	Si n	4.85
(111)	5.31			p(111)	4.60
		Mn	4.1		
Ba	2.52			Sm	2.7
		Mo	4.6		
Be	4.98	(100)	4.53	Sr	2.59
		(110)	4.95		
C	5.0	(111)	4.55	Ta	4.25
		(112)	4.36	(100)	4.15
Ce	2.9	(114)	4.50	(110)	4.80
		(332)	4.55	(111)	4.00
Co	5.0				
		Na	2.75	Ti	4.53
Cr	4.5				
		Nb	4.3	U	3.63
Cs	2.14	(001)	4.02	(100)	3.73
		(110)	4.87	(110)	3.90
Cu	4.65	(111)	4.36		
(100)	4.59	(112)	4.63		
(110)	4.48	(113)	4.29	V	4.3
(111)	4.98	(116)	3.95		
(112)	4.53	(310)	4.18	W	4.55
				(100)	4.63
Eu	2.5	Nd	3.2	(110)	5.25
				(111)	4.47
Fe	4.5	Ni	5.15	(113)	4.18
(100)	4.67	(100)	5.22	(116)	4.30
x(111)	4.81	(110)	5.04		
		(111)	5.35	Y	3.1
Ga	4.2				
		Pb	4.25	Zr	4.05
Ge	5.0				
(111)	4.80	Pb	512		
		(111)	5.6		
Gd	3.1				

일반물리학실험 개정6판 6쇄

초　판 1쇄 발행	2006년 02월 25일
개정1판 1쇄 발행	2007년 02월 28일
개정1판 2쇄 발행	2008년 01월 18일
개정2판 1쇄 발행	2009년 01월 31일
개정2판 2쇄 발행	2010년 01월 20일
개정2판 3쇄 발행	2010년 09월 10일
개정2판 4쇄 발행	2011년 01월 21일
개정3판 1쇄 발행	2012년 02월 10일
개정4판 1쇄 발행	2013년 02월 25일
개정4판 2쇄 발행	2014년 02월 19일
개정5판 1쇄 발행	2015년 02월 27일
개정5판 2쇄 발행	2016년 03월 07일
개정5판 3쇄 발행	2017년 02월 28일
개정5판 4쇄 발행	2017년 08월 18일
개정5판 5쇄 발행	2019년 03월 06일
개정6판 1쇄 발행	2020년 01월 20일
개정6판 2쇄 발행	2021년 02월 25일
개정6판 3쇄 발행	2021년 08월 17일
개정6판 4쇄 발행	2022년 02월 28일
개정6판 5쇄 발행	2023년 02월 03일
개정6판 6쇄 발행	2023년 09월 20일

저　　자	일반물리학실험교재편찬위원회 박기택, 이창우, 심인보, 장지훈, 김삼진 강지훈, 고태준, 문석배, 노희소, 이혁재
발 행 인	정 승 렬
발 행 처	국민대학교 출판부
주　　소	서울시 성북구 정릉로 77
전　　화	02-910-4242
팩　　스	02-910-4240
등　　록	1975년 6월 17일 제6-33호
인　　쇄	동방인쇄공사

ISBN 978-89-7812-454-6 03420
가격 12,000원